# 高辣辣椒
## 高效栽培技术

主　　编：吴立东

副 主 编：邱胤晖　李永清　尚　伟　廖承树

参编人员：林淑婷　张　锐　曾绍贵　刘亚婷

　　　　　徐　磊　钟柳清　林　莹　陈国钰

　　　　　陈木兰　张政斌　曹家光　谢　蕊

编写单位：三明市农业科学研究院

　　　　　福建省种植业推广总站

　　　　　三明市经济作物技术推广站

海峡出版发行集团
THE STRAITS PUBLISHING & DISTRIBUTING GROUP
｜福建科学技术出版社
FUJIAN SCIENCE & TECHNOLOGY PUBLISHING HOUSE

图书在版编目（CIP）数据

高辣辣椒高效栽培技术 / 吴立东主编. -- 福州：
福建科学技术出版社, 2024. 10. -- ISBN 978-7-5335
-7321-8

Ⅰ. S641.3

中国国家版本馆CIP数据核字第2024P8N463号

出 版 人 　郭　武
责任编辑　　李景文
编辑助理　　黎造宇
装帧设计　　余景雯
责任校对　　林锦春

**高辣辣椒高效栽培技术**

主　　编　吴立东
出版发行　福建科学技术出版社
社　　址　福州市东水路76号（邮编350001）
网　　址　www.fjstp.com
经　　销　福建新华发行（集团）有限责任公司
印　　刷　福建省地质印刷厂
开　　本　700毫米×1000毫米　1/16
印　　张　9
字　　数　145千字
版　　次　2024年10月第1版
印　　次　2024年10月第1次印刷
书　　号　ISBN 978-7-5335-7321-8
定　　价　36.00元

辣椒营养价值丰富、用途广泛，可鲜食，也可加工成辣椒干、辣椒酱、辣椒粉、辣椒油等产品；还可提取辣椒素用于食品添加、医药保健、海洋防污、电线电缆中防蚁防鼠等。高辣辣椒一般指辣度在 5 万斯科维尔（SHU）以上的辣椒，因市场需求量大，是当前和今后我国辣椒育种和产业发展的重要方向，受到高度重视。近年来，国内辣椒育种科研单位和企业，先后育成了一批高辣辣椒新品种，如：中国热带农业科学院热带作物品种资源研究所选育的"热辣 2 号"、金华市农业科学研究院选育的"金辣 1 号"、云南宏绿辣素有限公司选育的"宏绿 1 号"等，这些品种已成为当地地方特色品种，种植面积日益扩大，推广势头日趋强劲。

三明市农业科学研究院自 1998 年开始进行辣椒新品种的选育工作，20 多年来，致力于加工型辣椒、高辣辣椒新品种的选育和栽培技术的研究工作。目前已建成福建省科技创新平台"茄果类蔬菜产业技术研究院"和"三明市植物成分提取与检测公共服务平台"，并与中国农业科学院蔬菜花卉研究所合作成立了"国家蔬菜改良中心——高辣和超辣辣椒品种创新中心"。近年来，三明市农业科学研究院以市场为导向，先后选育出一批符合市场需求、具有自主知识产权的高辣特色辣椒"明椒 7 号""明椒 8 号"和高辣朝天椒"明椒 9 号""明椒 10 号"等系列品种，这些新品种在福建省高辣辣椒主产区种植，表现出产量高、辣度强、香味浓郁、风味独特等特点，深受椒农、消费者和辣椒加工企业的一致好评，并得到了湖南农业大学校长、中国工程院院士邹学校，中国园艺学会辣椒分会原会长、中国农业科学院蔬菜花卉研究所原副所长张宝玺研究员等专家学者的充分肯定。

目前，有关高辣辣椒遗传改良品种及栽培方面的书籍很少。本书以文字、图表、视频三者并茂的形式，展示了三明市农业科学研究院多年来从事高辣辣椒新品种选育、示范和推广的成效，总结了一套高辣辣椒高效栽培技术，形成了一项农业科技推广新成果。本书的撰写和出版，不仅可以丰富人类对辣椒的知识，还可以给更多的椒农带来实惠，推动高辣辣椒产业的可持续发展，同时助力乡村振兴。

2024 年 4 月 20 日

福建省高辣辣椒种植历史悠久，高辣辣椒的种植主要分布在闽西、闽西北、闽北及闽东山区，如：三明市沙县、永安、将乐、尤溪、宁化、大田、清流，南平市政和、浦城、建阳、邵武，宁德市福鼎、福安、柘荣、屏南、古田及龙岩市长汀、上杭、武平等县（市）。福建山区独特的气候条件非常适宜高辣辣椒的种植，生产的高辣辣椒产量高、辣度强、果皮油分充足、香味浓郁，享誉国内，其中以"三明明椒""永安黄椒""福建辣椒王""福鼎黄椒"等为代表的高辣辣椒深受消费者和辣椒加工企业的欢迎，在国内辣椒加工市场占有重要的地位。

近年来，随着福建省高辣辣椒外销规模的不断扩大，以及沙县小吃、永安小吃、福鼎小吃等地方特色小吃在全国的蓬勃发展，在闽西、闽西北、闽北及闽东山区已经孵化出一条完整的辣椒加工产业链，催生出一大批辣椒专业种植合作社和"沙县官仔""沙县辣倒神""沙县老潘头""永安燕吉鸿""永安明燕""永安陶洋""宁化闽娇""政和政东""柘荣融盛""福安闽东""龙岩冠龙"等本土辣椒加工企业，形成了高辣辣椒产业区位优势。其中以三明市宁化、大田、清流，龙岩市长汀、上杭、武平，宁德市古田为中心的辐射区主要以制干为主，产品主要销往湖北、贵州、重庆、四川、湖南等地，主要用于卤制品加工；以三明市沙县、永安、将乐、尤溪，南平市政和、浦城、建阳、邵武，宁德市福鼎、福安、柘荣、屏南为中心的辐射区主要以制酱为主，产品主要销往沙县小吃、永安小吃、福鼎小吃等福建地方特色小吃产业，主要用于鲜食调味和制作辣椒酱。目前，福建省常年种植高辣辣椒面积在5万亩以上，年产鲜椒6万～10万吨，加工辣椒5万吨以上，产值达6亿元以上。高辣辣椒的生产与加工已经成为福建省部分山区区域性支柱产业和农民致富的经济支柱。为更好地推广高辣辣椒新品种，推动高辣辣椒产业发展，助力乡村振兴，我们组织团队制定了行业标准《辣椒辣度感官分级及质量评价》、福建省地方标准《高辣辣椒栽培技术规程》和《高辣朝天椒质量分级》，并编著了这本《高辣辣椒高效栽培技术》。全书涵盖了高辣辣椒的定义、新品种、生产管理技术、病虫害防治技术和农事操作技术。

本书编写得到了中央引导地方科技发展专项"加工型朝天椒种质资源创新及产业化开发"（2021L3043），福建省科技创新平台"茄果类蔬菜产业技术研究院"（2018N2003），福建省现代农业蔬菜产业技术体系（2060302）等项目的资助。同时，全书得到中国农业科学院蔬菜花卉研究所辣椒课题组组长、中国农业科学院茄科蔬菜创新团队首席专家王立浩研究员，福建省现代农业蔬菜产业技术体系首席专家、福建农林大学何水林教授等专家的悉心指导。本书引用部分专家、学者的研究成果及相关书籍资料，得到同仁们的大力支持，谨在此对提供帮助的人员表示衷心的感谢！

本书所含的技术内容主要为福建省经验，仅供参考。作者学识有限，书中难免有不足和疏漏之处，敬请专家、同仁和读者批评指正。

CONTENTS | # 目录

# 一、概述

## （一）辣椒的起源及分类

### 1. 辣椒的起源

辣椒（*Capsicum annuum* L.）又名番椒、海椒、辣子、辣角、辣茄等，属茄科（Solanaceae）辣椒属（*Capsicum*），常异花授粉作物。辣椒营养丰富，含有大量的辣椒素、辣椒红素、β-胡萝卜素、碳水化合物、矿物质等，尤其以维生素 C 含量高居各类蔬菜榜首。辣椒既可鲜食、调味，也可入药，具有重要的经济价值和食疗保健作用。

辣椒是中南美洲热带和亚热带地区最早栽培和驯化的植物之一，因其独特的风味，至少在 8000 年前就被用作食材。辣椒起源时间距今甚远，考古学在印加文明、奥尔梅克文明、托尔特克文明、玛雅文明和阿兹特克文明的食物遗迹中都有发现辣椒。近期考古证明秘鲁中部山区在公元前 8000 ~ 前 7500年即有栽培；秘鲁沿海出土有辣椒果实的精巧刺绣，这大体是公元 1 世纪的衣物；同时，在秘鲁的一些古墓葬中，考古人员发现了最早的可追溯到公元前 6200 年左右的辣椒遗迹，说明辣椒作为独特的食材被埋进墓穴陪葬。

关于辣椒的起源地学术界一直都在努力探索，学者们从考古学与古生物学着手，以期窥其源流。最早的辣椒是生长在南美洲亚马逊丛林里的一种小型浆果，生长在森林遮蔽的藤蔓上；在漫长的岁月中，辣椒只在南美洲栽培，此后依靠鸟儿传播种子，生长区域也随之逐渐北移，从南美洲穿过中美洲和加勒比海，进入北美洲的西南部地区。1492 年，意大利航海家哥伦布发现美洲这块新大陆后，欧洲殖民者纷纷涌向美洲，加快了北、中、南美洲之间的文化交流和贸易，随之衍生出美洲的辣椒文化；在 16 世纪后期，欧洲人在南亚的菲律宾建立殖民地，辣椒开始传入菲律宾，再由菲律宾传到南洋各地，并进一步传到中国，进而将辣椒传播到世界各地。辣椒 5 个栽培种分别属于三个不同的起源中心，一年生辣椒（*C. annuum*）起源于墨西哥，中国辣椒（*C. chinense*）和灌木辣椒（*C. frutescens*）起源于南美洲，浆果辣椒（*C. baccatum*）和绒毛辣椒（*C. pubescens*）起源于玻利维亚和秘鲁。目前，全球有 2/3 的国家种植辣椒，主要集中在亚洲、欧洲和北美洲，世界上著名的辣椒产地有中国、印度、西班牙、墨西哥、智利、摩洛哥、津巴布韦等。

辣椒于明朝末年被引入中国，在我国已经有 400 年左右的种植历史。我国辣椒的早期传入过程明显分为两个阶段，第一阶段是在明代后期至清初，主要由朝鲜半岛海上传入，品种以《群芳谱》所说"秃笔头"形秦椒为主，主要在北方地区逐步向西传播；第二阶段是在康熙以来尤其是乾隆以来，主要由葡萄牙、荷兰等西方远洋殖民者及其东南亚殖民地陆地传入，品种以菱形、牛角、羊角、鸡心、佛手、黄椒等品种为主，在浙江、台湾、福建、江西、广东等东南、华南地区陆续出现，主要在南方地区逐步自东向西传播；这些品种在我国不同地区经过长期自然选择和人工选择，演化出了许多辣椒类型。在我国云南西双版纳、思茅和澜沧一带既有野生状态的一年生"涮辣椒"和多年生的"小米椒"，在海南省有著名的"海南黄灯笼"辣椒，这些野生种除在中国有分布外，在哥伦比亚、哥斯达黎加、危地马拉、墨西哥、委内瑞拉等国也有分布。我国已发现众多辣椒野外品种资源，但是与美洲相比较，不论从种类和数量上来看，都少得多。

## 2. 辣椒的分类

辣椒作为世界性蔬菜，全世界学者一直致力于辣椒资源研究，亚洲蔬菜研究与发展中心收集，保存资源 6000 份；目前我国种质资源库征集、保存和初步鉴定辣椒资源 2124 份，其他科研单位和企业、个人育种者也收集和保存了一定数量的辣椒资源。通过对辣椒资源整合、挖掘和利用，选育了一批辣椒新品种，推动我国辣椒产业的发展。尽管我国辣椒资源丰富，研究单位众多，但关于辣椒资源分类还没有统一标准。各国学者根据自己收集和研究的材料对辣椒资源进行研究，形成了不同的分类体系，如林奈、贝利、史密斯、加佐布希、现代分类学和国际植物遗传资源委员会6种国际上应用较多的分类法。现代科学发现辣椒属作物有20~30种，IBPGR综合各国学者的研究成果，1983年确定了辣椒属5个栽培种，规范了各国辣椒研究者对辣椒的命名。我国目前主要采用IBPGR分类方法，分为植物学分类和园艺学分类两种。

### （1）植物学分类

国际植物遗传资源委员会确定的5个辣椒栽培种：一年生辣椒、灌木辣椒、浆果辣椒、绒毛辣椒、中国辣椒。

表1-1 辣椒属5个栽培种主要特性

| 栽培种 | 起源地 | 花 | 萼片结构 | 种子颜色 |
|---|---|---|---|---|
| 一年生辣椒 | 墨西哥 | 花冠白色或浅黄或略带紫色，无斑点，花药蓝色 | 萼片有齿状 | 棕黄色 |
| 灌木辣椒 | 南美洲 | 花冠绿白色，无斑点，花药蓝色 | 萼片齿状不明显 | 棕黄色 |
| 浆果辣椒 | 玻利维亚 | 花冠黄色，有褐色或棕色斑点，花药蓝色 | 萼片齿状明显 | 棕黄色 |
| 绒毛辣椒 | 玻利维亚 | 花冠紫色，花药紫色 | 萼片齿状不明显 | 黑色 |
| 中国辣椒 | 南美洲 | 花冠暗白色，有斑点，花药蓝色 | 萼片齿状不明显 | 棕黄色 |

①一年生辣椒：目前关于一年生辣椒变种分类有贝利、伊利希、IBPGR和李佩华等多种方法。多数从事辣椒资源研究者，认为李佩华先生的分类方法更符合我国辣椒资源研究实际，参照朱德蔚等和李锡香等对性状的描述，一年生辣椒栽培种6个变种（樱桃椒、圆锥椒、簇生椒、长椒、灯笼椒、指形椒）。

**樱桃椒变种**（var. *Cerasiforme*）：果形圆形或扁圆形，似樱桃，老熟果实小，果实直立或下垂，呈红色、黄色或微紫色，辣味强，可用于制干或供观赏。如四川成都扣子椒、五色椒等。

**圆锥椒变种**（var. *Conoides*）：果形为圆锥形，植株较矮，果实多向上生长，青熟果绿色，老熟果红色，味辣，可用于鲜食、制干、制酱。

**簇生椒变种**（var. *Fasciculatum*）：果形多数为短指形，簇生，一般 2~14 个一簇，向上生长，植株长势强，老熟果实深红色，果肉薄、油分高、味极辣，可用于加工制干。

**长椒变种**（var. *Longum*）：果形多为牛角、羊角、线形，前端尖，微弯曲，果实一般下垂，青熟果绿色，老熟果红色，辣味中等，果肉薄、辛辣味浓，可用于制干、腌渍或制辣椒酱等，如陕西的大角椒、长沙的牛角椒等。

**灯笼椒类**（var. *Grossum*）：果形呈灯笼、方灯笼或宽锥形（钟形），也叫柿椒、甜椒、铃状椒，果实较大，果顶向下，青熟果绿色，老熟果红色或黄色，微辣或无辣，多用于鲜食。

**指形椒**（var. *dactylus*）：果形多为长指形或短指形，植株较矮，果实多向下生长，青熟果绿色，老熟果红色，味辣，可用于鲜食、制干、制酱。

表 1-2　一年生辣椒栽培种变种主要分类特性

| 变种学名 | 果形 | 果形指数 | 果肉厚 | 果肩花萼 | 果顶 | 辣度 |
|---|---|---|---|---|---|---|
| 樱桃椒 | 近圆形或鸡心形 | 5 以上 | 厚 | 平展 | 钝尖或圆 | 高辣 |
| 圆锥椒 | 中小圆锥形或中小圆锥灯笼形 | 2 | 较薄 | 平展或内陷 | 钝尖或内陷 | 微辣或辣 |
| 簇生椒 | 果实簇生，每簇 2～10 个果，短指形或锥形 | 1～2 | 厚 | 下包 | 果实渐尖 | 高辣 |
| 长椒 | 牛角形或长圆锥形或羊角形 | 3～5 | 中等 | 平展，少有浅下包 | 果实渐尖，钝状或略内陷 | 微辣或辣 |
| 灯笼椒 | 方灯笼、长灯笼或扁圆形 | 1～2 | 厚 | 平展或内陷 | 平展或内陷 | 多数不辣 |
| 指形椒 | 长指形、指形或短指形 | 5 以上 | 薄 | 下包或浅下包 | 果实渐尖，有小弯沟 | 辣 |

②**灌木辣椒**：灌木或者亚灌木，喜热，味道极辣，如云南的小米辣、涮涮辣等。

③**浆果辣椒**：南美地区种植，没有固定的果形，有一点柠檬或其他水果的香味。一年生辣椒和浆果辣椒容易混淆，主要区别在花器上，浆果辣椒花

冠黄色，有褐色或棕色斑点，花药蓝色，萼片齿状明显。

④**绒毛辣椒**：安第斯地区广泛种植，种子黑色，果实黄或者橘黄色，果肉较厚。

⑤**中国辣椒**：实际不产在中国，类似于木本辣椒，果柄基部有缢痕，海南省著名的"黄灯笼"辣椒即属此类。中国辣椒可能是灌木状辣椒野生种进化而来，主要区别在于中国辣椒花冠暗色，花萼与花梗之间有收缩状，而灌木状辣椒没有。

### （2）园艺学分类

辣椒经过多年栽培，类型丰富，特别新品种选育，创造了很多中间类型。日本根据用途将辣椒分为鲜食椒、加工椒、辛辣调味椒和观赏椒4大类。美国的史密斯（Smith）博士根据果形、果实大小、色泽、质地、风味、辣味等性状和主要用途建立了辣椒的园艺学分类系统。我国较早根据果实性状将辣椒分为牛角椒、朝天椒、线椒、圆锥椒和甜椒等类型，也根据熟性的早晚分为早熟、中熟和晚熟3大类，近年来，由于消费者对辣味要求的细化，又根据辣味感官程度分为无辣、微辣、低辣、中辣、高辣和超高辣6个级别。

①**果实形状分类**：为了更好地向消费者介绍和宣传辣椒知识，根据果实形状分为灯笼椒、尖椒、线椒3大类，现在园艺学上分类基本采用该种分类，但对大类进行细化还没有统一标准，各育种单位多根据自己选育的品种进行描述。为了更好地提高辣椒资源的利用，在一年生辣椒变种分类的基础上，参照李锡香等通过果形指数、果肩花萼、果顶和果长等4项指标建立统一果形分类标准。

表1-3　辣椒果实分类标准

| 分类 | 果形 | 果肩花萼 | 果顶 | 果长 / 厘米 | 果形指数 |
|---|---|---|---|---|---|
| 灯笼形 | 长灯笼 | 平展或内陷 | 平展或内陷 | | > 1 |
| | 方灯笼 | 平展或内陷 | 平展或内陷 | | 1左右 |
| | 扁灯笼 | 平展或内陷 | 平展或内陷 | | < 1 |

| 分类 | 果形 | 果肩花萼 | 果顶 | 果长／厘米 | 果形指数 |
|------|------|----------|------|-----------|----------|
| 锥形 | 长锥形 | 平展或内陷 | 钝尖或少内陷 | > 8 | > 2 |
| | 短锥形 | 平展或内陷 | 钝尖或少内陷 | < 8 | 2 左右 |
| 牛角形 | 长牛角 | 平展或浅下包 | 渐尖 | > 10 | > 3 |
| | 短牛角 | 平展，少有浅下包 | 渐尖 | < 10 | > 3 |
| 羊角形 | 长羊角 | 下包或浅下包 | 果实尖 | > 10 | > 3 |
| | 短羊角 | 下包 | 果实尖 | < 10 | > 3 |
| 指形 | 长指形 | 下包 | 果钝尖 | > 8 | > 5 |
| | 短指形 | 下包 | 果钝尖 | < 8 | > 5 |
| 线形 | 线形 | 下包 | 果尖，少有沟 | > 15 | > 10 |
| 樱桃形 | 樱桃椒 | 平展 | 钝或圆 | | 1 |

②果实辣味程度分类：辣度是表示辣椒辛辣程度的量化值，用斯科维尔指数（SHU，scoville heat units）表示。辣椒辣味由果实中辣椒素类物质含量所决定。其中，辣椒素和二氢辣椒素的含量占辣椒素类物质含量的90％以上。辣椒果实中最辣的部分是胎座和隔膜组织，其次是果实的下半部分，种子最低。

图1-1　辣椒素

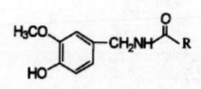

图1-2　辣椒素类物质化学结构通式

辣椒素类物质又称天然辣椒素（Capsaicinoids），化学结构通式 $H_3CO(HO)-C_6H_3-CH_2-NH-CO-R$，是由一系列同类物组成，现已发现有 19 种类似物，主要由 69％辣椒素（capsaicin）、22％二氢辣椒素（dihydrocapsaicin）、7％降二氢辣椒素（nordihydrocapsaicin）、1％高二氢辣椒素（homodihydrocapsaicin）、1％高辣素（homocapsaicin）组成，它们都有共同的一部分结构，最早由

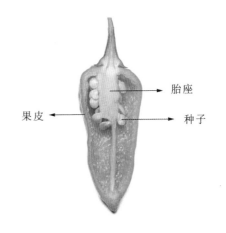

图 1-3　辣椒剖面图

Thresh 于 1876 年从辣椒中提取出来，是辣椒中呈辣味的物质（表 1-4）。其中，辣椒素又称辣椒碱或辣素，化学名称为反 -8- 甲基 -N- 香草基 -6- 壬烯基酰胺，化学式为 $C_{18}H_{27}NO_3$，是辣椒中极度辛辣的香草酰胺类生物碱，是一种斥水亲脂、无色无嗅的结晶或蜡状化合物。

表 1-4　辣椒素类物质

| 辣椒素类物质 | 缩写 | 结构式 | 斯科维尔指数（SHU） | 含量 |
|---|---|---|---|---|
| 辣椒素 | C | $-(CH_2)_4-CH=CH-CH(CH_3)_2$ | 16000000 | 69% |
| 二氢辣椒素 | DHC | $-(CH_2)_6CH-(CH_3)_2$ | 16000000 | 22% |
| 降二氢辣椒素 | NDHC | $-(CH_2)_{34}-CH=CH-CH(CH_3)_2$ | 9100000 | 7% |
| 高二氢辣椒素 | HDHC | $-(CH_2)_5-CH=CH-CH(CH_3)_2$ | 8600000 | 1% |
| 高辣椒素 | HC | $-(CH_2)_7-CH(CH_3)_2$ | 8600000 | 1% |

国家行业标准《辣椒辣度感官分级及质量评价》中对辣椒辣度进行感官分级，分为无辣、微辣、低辣、中辣、高辣和超高辣 6 个级别，它们相对应用的辣椒素含量（表 1-5）。

表1-5　辣椒辣度感官分级

| 感官分级 | 辣度（度） | 斯科维尔指数（SHU） | 辣椒素类物质含量（克/千克） |
|---|---|---|---|
| 无辣 | 6.67 | < 1000 | < 0.065 |
| 微辣 | 6.67 ~ 33.33 | 1000 ~ 5000 | 0.065 ~ 0.324 |
| 低辣 | 33.33 ~ 66.67 | 5000 ~ 10000 | 0.324 ~ 0.649 |
| 中辣 | 66.67 ~ 333.33 | 10000 ~ 50000 | 0.649 ~ 3.243 |
| 高辣 | 333.33 ~ 2000 | 50000 ~ 300000 | 3.243 ~ 19.455 |
| 超高辣 | 2000 | > 300000 | > 19.455 |

③**熟性分类**：我国辣椒熟性一般分为早熟、中熟和晚熟3大类。研究结果表明构成辣椒熟性的主要性状有首花节位、开花期、果实发育速度、始收期、果实大小、早期产量、株型和生长势等，结合我国选育的辣椒品种熟性分类等，采用首花节位、果实发育速度和始收期等3个因素将辣椒资源熟性分为5类。首花节位：第一片真叶到第一朵花的叶片数；果实发育速度：开花坐果后到果实外形基本上稳定的天数；始收期：辣椒定植后到30%植株上第一果实达到青果成熟的天数。

表1-6　辣椒熟性分类及主要指标

| 熟性 | 首花节位 | 果实膨胀速度 | 始花期（天） |
|---|---|---|---|
| 极早熟 | 8 或以下 | 快 | 30 以下 |
| 早熟 | 9 以下 | 快 | 31 ~ 35 |
| 中熟 | 10 ~ 15 | 较快 | 35 ~ 50 |
| 晚熟 | 15 以上 | 慢 | 51 ~ 55 |
| 极晚熟 | 15 以上 | 慢 | 56 以上 |

## （二）辣椒在我国的传播及分布

辣椒引入我国后普遍栽种。有许多学者研究，辣椒传入中国的路径共有四条：一是由葡萄牙人传入浙江；二是由葡萄牙人、西班牙人传入广东；三是由荷兰人传入台湾；四是从辽东湾传入辽宁地区，传播者不能确定。我国现今可见最早关于辣椒的记载是（明）高濂《遵生八笺》（1591年）中描述："番椒丛生，白花，果俨似秃笔头，味辣，色红。"现存最早大规模种植记录始于清代，现存方志中，康熙年间，广东、贵州、湖南、浙江、河南、陕西、河北、山东、辽宁九个省份均记有辣椒。其中，广东、浙江、辽宁沿海，是辣椒引进到中国最早的地区。

辣椒自传入我国之后，由于气候因素和地理因素，长期以来形成了三大区域：一是重辣区，主要在西南和华中地区；二是微辣区，主要是华北、东北、西北地区；三是淡辣区，主要是东南沿海地区。近年来，随着人口流动的日益频繁，对食品品味的要求有所变化，已经没有明显的食辣和不食辣区域，食辣群体不断增加，几乎全国都有大规模种植。目前，我国辣椒生产形成了六大主产区，分别是南菜北运基地，主要有广东、海南、广西、福建、云南等；高辣嗜辣基地，主要有湖南、贵州、四川、重庆等；华中露地主产区，主要有河南、山东、河北、天津、陕西等；北方露地主产区，主要有山西、内蒙古及东北三省等；高海拔种植区，主要有新疆、甘肃、宁夏、青海、湖北等；北方保护地种植区，主要有山东、河北、辽宁、晋北、内蒙古及东北等。目前，我国每年种植的辣椒面积在3000万亩以上，占全国蔬菜种植面积的10%左右，占世界辣椒种植面积的1/3左右。

## （三）高辣辣椒的生产及用途

### 1. 我国高辣辣椒的生产

高辣辣椒一般是指辣度在5万~30万斯科维尔（SHU）的辣椒，可用于鲜食调味、制干、制酱，提取辣椒素、辣椒红素等，加工产品多、产业链长、附加值高，是重要的工业原料作物。我国的西北、西南、东北和湖南、湖北、江西是著名的辣带，素有"四川人不怕辣、贵州人辣不怕、湖南人怕不辣"之说，并以此为基础研发出诸多以辣为底味的菜系，如川菜、湘菜等。我国高辣辣椒主产区和消费区主要集中在云南、福建、贵州、河南、四川、重庆、湖南、湖北、江西、新疆、甘肃等地，种植的高辣辣椒主要有"朝天椒""二荆条""小米椒"等，在海南、云南、福建等地也种植一些极具地方特色的常规高辣辣椒，如"海南黄灯笼""云南涮涮辣""小米椒""永安黄椒"等。

近年来，随着辛辣文化的广泛传播和渗透，特别是川菜、湘菜、黔菜等含辣菜系的推广普及，国内食辣人口数量不断增加，目前已经没有了明显的食辣地域区分，对辣椒及其加工制品的需求保持快速增长。在辣椒生产的带动下，我国辣椒加工企业也不断发展，并开发出辣椒干、辣椒酱、辣椒油、辣椒粉、剁辣椒等200多种辣椒加工产品，涌现出一大批国内外知名的辣椒加工企业，如"老干妈""老干爹""乡下妹""坛坛香""辣妹子"等，它们对辣度高、香味浓郁、适宜制干和制酱的高辣辣椒品种的需求日益提高。此外，随着科学技术水平的不断提高，辣椒在医疗、工业、保健、美容等方面的功能得到进一步挖掘，国际市场上对辣椒碱等辣椒深加工产品的需求缺口较大，我国高辣辣椒种植面积和产量均保持持续快速增长。

## 2.高辣辣椒的用途

近年来，随着人们对辣椒天然提取物研究不断的深入研究，让辣椒走上了更大的舞台，不仅餐桌上的江湖地位无人能替，辣椒还有了更多除饮食以外的施展空间，从高辣辣椒中提取的高纯度辣椒碱与辣椒精在医药工业、食品、保健、生化农药、军事等众多领域被广泛应用，特别是近10年，全球对高辣和超辣辣椒的需求不断增长，辣椒已经变成一种重要的战略物资，高辣和超辣辣椒种植面积也在逐年增加。

### （1）食用价值

辣椒的营养价值很高，堪称"蔬菜之冠"，含有维持人体正常生理机能和增强人体抗性及活力的多种化学物质。其中辣椒中维生素 C 的含量在蔬菜中占首位，每千克辣椒中含维生素 C，比茄子多 35 倍，比西红柿多 9 倍，比大白菜多 3 倍，比白萝卜多 2 倍；其次辣椒还含有辛辣成分为辣椒碱、降二氢辣椒碱、高辣椒碱、高二氢辣椒碱、壬酸香兰基酰胺、癸酸香兰基酸胺；还含有叶黄素、隐黄素、辣椒红素、微量辣椒玉红素、柠檬酸、苹果酸等物质；近年来研究还发现，辣椒挥发油的含量达 0.1% ~ 2.6%，主要成分是 2-甲氧基 -3- 异丁基吡嗪。辣椒不仅可用于鲜食调味，还可制作辣椒干、辣椒酱、辣椒粉等辣椒加工制品。

图 1-4　鲜食调味

图 1-5　辣椒干

图 1-6　辣椒酱

图 1-7　辣椒粉

### （2）药用价值

辣椒中的辣椒素具有通经活络、活血化瘀、祛风散寒、开胃健胃、补肝明目、温中下气、抑菌止痒和防腐驱虫等功效，所以常将它称为"红色药材"，用来预防和治疗某些多发病和常见病，如伤风感冒、脾胃受寒、消化不良、关节疼痛、脚手冻伤等。随着科学研究的深入，进一步探明了辣椒的化学成分、药理效应与人类健康的密切关系。辣椒还可制作成生物农药，用于杀灭害虫和老鼠，在受到辣椒水强烈刺激后会导致害虫痉挛收缩致死，老鼠皮肤出现灼烧感，从而达到杀虫和驱鼠的作用，辣椒水安全可靠，对人畜和生态环境无害，触杀害虫不会产生耐药性，原材料简单易得，效果立竿见影。

### （3）工业价值

利用辣椒素的强烈辛辣味，在森林、高山电缆和光纤表面涂抹辣椒素，能使动物的口腔黏膜和味觉神经受到强烈刺激而厌弃咀嚼，从而避免鸟类啄咬和白蚁蛀食，降低维护成本；在海洋中的一些附着生物，如藤壶、海藻、贝类等，大量附着在船底、浮标、码头、桥墩、海水管道及养殖网箱网具上，辣椒素可作为驱避剂，具有强烈的驱赶作用，可避免海洋生物附着和侵蚀，保证航海安全。

### （4）军事价值

辣椒素具有良好的催泪作用，可以引发人体产生强烈的生理反应，使人出现咳嗽、呕吐、流泪等症状，甚至迷失方向，但无毒副作用，因此在军事上是制造催泪弹、催泪枪和防卫防爆武器的主要原料，在美国、日本、德国等国家都已广泛应用。同时，辣椒素也被用于制作个人防身武器和制服违法者的工具。

# 二、高辣辣椒的生物学特性

## （一）高辣辣椒的形态特征

### 1. 根的形态特征

根系形态指标主要为根颈直径、根颈分枝数、根芽数、主根长和侧根数。

高辣辣椒的根系较普通辣椒发达。根较粗，根量较多，入土较深，主要根群分布在 15 ~ 20 厘米的土层中。主根长出后，不断分杈，形成一级侧根、二级侧根、三级侧根等。根系吸收肥水的能力较弱，不耐干旱和水涝，也不耐高盐分。

图 2-1　根

根系的木栓化较早，不易产生不定根，根系的再生能力较弱。育苗时要采取护根措施，可以用营养钵育苗或穴盘育苗。要减少移栽的次数，尽量在小苗时进行移栽。定植苗时注意少伤根。

### 2. 茎的形态特征

高辣辣椒茎的高度较普通辣椒高，一般为 70 ~ 100 厘米。多数高辣辣椒分枝性较强，主茎长到 9 ~ 16 片真叶时，顶芽分化成花芽，形成第 1 朵花，在花蕾下 2 ~ 3 节形成 2 ~ 3 个侧枝，以后每个侧枝顶芽又分化为花芽，形成第 2 层花，花蕾下又可形成 2 ~ 3 个侧枝；在生长条件良好时，可不断分化花芽和形成分枝，果实着生在分枝处；多数品种在主茎或分枝顶端形成花芽后，形成两个分枝，称作二杈分枝，但当温差较大、营养条件好时，可形成三杈分枝。高辣辣椒的主茎各节位上均可抽生形成侧枝，侧枝的过度生长，往往会消耗大量的养分，又会造成田间郁闭，所以对于易形成侧枝的品种，应及时将底部的侧枝除去。

图 2-2　茎

表 2-1　茎的形态特征

| 茎 | 形态特征 | | | |
|---|---|---|---|---|
| 主茎 | 弯曲 | 细弱 | 直立 | |
| 主茎的基部木质化程度 | 弱 | 明显 | 高 | |
| 茎节间花青甙显色程度 | 无花青甙显色 | 条带状显色 | 显色 | |
| 茎节花青甙显色强度 | 无或极弱 | 弱 | 中 | 强 | 极强 |
| 茎节茸毛密度 | 无 | 疏 | 中 | 密 | |

### 3. 叶的形态特征

高辣辣椒的真叶为单叶，互生，披针形、卵圆形或长卵圆形，全缘，先端尖，叶面光滑，微具光泽，叶色因品种不同而有深浅之别。一般中国辣椒和灌木辣椒品种，叶片较大、微圆、较短；一年生辣椒品种，叶片较细长。

图 2-3　叶

　　高辣辣椒的叶分为子叶和真叶两种，幼苗时期长出的浅黄色的叶片为子叶，子叶之后长出的叶片为真叶。子叶展开初期呈浅黄色，以后逐渐变为绿色，从子叶出现到真叶出现以前，植株主要依靠子叶制造营养；子叶的发育状况主要取决于种子本身的质量和栽培条件，若种子发育不充实，会使子叶瘦弱、畸形，当土壤水分不足时，子叶不舒展，水分过多或光照不足，则子叶发黄。真叶生长的好坏与氮肥、钾肥、温度、水分等因素有关，因此真叶是判断高辣辣椒栽培条件好坏的重要信息；叶片瘦弱或发育不良、卷曲表明植株缺水，叶片发黄表明土壤水分过多或光照条件不足，叶形较长表明氮肥充足，叶柄过长则表明氮肥过量或夜间温度过高，叶形较宽表明钾肥充足，叶柄较短、尖端嫩叶凹凸不平表明夜间温度较低，真叶下垂且叶柄较弯表明土壤湿度大于叶面湿度。

表 2-2　叶片的形态特征

| 叶片 | 形态特征 | | | |
|---|---|---|---|---|
| 长度 | 极短 | 短 | 中 | 长 | 极长 |
| 宽度 | 极窄 | 窄 | 中 | 宽 | 极宽 |
| 颜色 | 浅绿色 | 中等绿色 | 深绿色 | 紫色 |
| 形状 | 披针形 | 卵圆形 | 长卵圆形 | |
| 泡状程度 | 弱 | 中 | 强 | |
| 横切面形状 | 下凹 | 下凹 | 平 | 上凸 | 强烈上凸 |

### 4. 花的形态特征

　　高辣辣椒与普通辣椒一样为常异交作物，虫媒花，雌雄同花，异花杂交率5%～30%，不同品种间差异较大。高辣辣椒花单生、双生或多生，雄蕊由5～6枚花药组成，围在雌蕊的外面，根据花药与雌蕊柱头的相对位置可分为短柱花、中柱花和长柱花；雌蕊的柱头低于花药的为短柱花，高于花药的为长柱花，柱头与花药等高时为中柱花。

　　花药成熟后开裂，花粉散开后落在靠得很近的柱头上授粉。中柱花和长柱花为正常花，可正常授粉结果；短柱花花粉不易落到柱头上，一般坐不住果。植株营养状况好时，花冠大，长柱花多；营养不良，短柱花增多，落花率高。

图 2-4　花

幼苗生长正常时，在植株 3 ~ 4 片真叶时就开始花芽分化，育苗前期的营养条件对花芽分化及前期坐果具有重要的影响。从花芽分化到开花需 30 天左右，开花后 4 ~ 5 天便萎蔫脱落。

表 2-3　辣椒花的形态特征

| 花器官 | 形态特征 | | | | |
|---|---|---|---|---|---|
| 花梗 | 直立 | 水平 | 下弯 | | |
| 花冠颜色 | 白色 | 浅紫色 | 紫色 | | |
| 花药 | 乳白色 | 黄色 | 蓝色 | 蓝紫色 | 紫色 |
| 花柱 | 白色 | 浅紫色 | 紫色 | | |
| 花柱相对于花药的位置 | 低于 | 等高 | 高于 | | |
| 萼片 | 包被 | | 不包被 | | |

## 5. 果实的形态特征

高辣辣椒果实为浆果，由子房发育而成，食用部分为果皮。果实着生多下垂，少数品种如朝天椒，则向上直立。果实的形状因品种而异，有羊角形、牛角形、指形、锥形、纺锤形、灯笼形等。果实的形状也受环境条件的影响，如在植株营养不良、夜温过低、光照较弱时，果实内种子少，果实膨大受到抑制，往往形成"僵果"；在水分供应不足或因土壤溶液浓度过高而影响水分吸收时果实变短；夜温低时，果实先端变尖，颜色暗淡。高辣辣椒品种果实一般较小，单果重从几克到十几克。

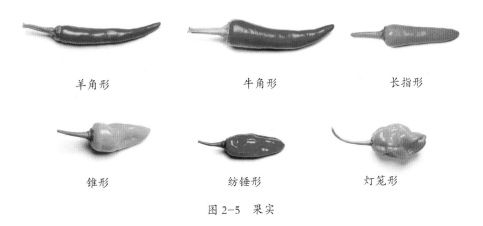

羊角形   牛角形   长指形

锥形   纺锤形   灯笼形

图 2-5　果实

高辣辣椒果实从开花授粉到青熟果需要 30 ~ 35 天，多数呈绿色或黄绿色，老熟果需 55 ~ 65 天，呈红色或黄色等。红色果皮中含有茄红素、叶黄素及胡萝卜素，黄色果皮中主要含有胡萝卜素。

表 2-4　辣椒果实的形态特征

| 果实 | 形态特征 | | | |
|---|---|---|---|---|
| 姿态 | 直立 | 混生 | 下垂 | |
| 成熟前颜色 | 白色 | 黄色 | 绿色 | 紫色 |
| 成熟前颜色深浅 | 极浅 | 浅 | 中 | 深 | 极深 |
| 成熟时颜色 | 黄色 | 橙色 | 红色 | 棕色 | 绿色 |
| 表面质地 | 光滑或微皱 | 皱 | 极皱 | |
| 表面皱缩程度 | 无或极弱 | 弱 | 中 | 强 | 极强 |
| 光泽度 | 极弱 | 弱 | 中 | 强 | 极强 |
| 沟深浅 | 无或极浅 | 浅 | 中 | 深 | 极深 |
| 果梗长度 | 短 | 中 | 长 | |
| 果梗端凹陷 | 无 | 有 | | |

续表

| 果实 | 形态特征 | | | | |
|---|---|---|---|---|---|
| 果梗端凹陷程度 | 极弱 | 弱 | 中 | 强 | 极强 |
| 纵径 | 极小 | 小 | 中 | 大 | 极大 |
| 横径 | 极小 | 小 | 中 | 大 | 极大 |
| 纵径 / 横径比率 | 极小 | 小 | 中 | 大 | 极大 |
| 果肉厚度 | 极薄 | 薄 | 中 | 厚 | 极厚 |
| 心室数量 | 2个为主 | 2个和3个各半 | 3个和4个各半 | 4个及4个以上 | |
| 先端形状 | 尖 | 圆 | 凹 | | |
| 横切面形状 | 椭圆形 | 有棱 | 圆形 | | |
| 重量 | 极小 | 小 | 中 | 大 | 极大 |

## 6. 种子的形态特征

高辣辣椒种子着生在胎座上，成熟较慢，开花到种子成熟需 60 天左右。种子扁肾形、扁平、淡黄色、有光泽，采种或保存不当时为黄褐色。千粒重 5 ~ 7 克，种子寿命 3 ~ 7 年，使用年限为 2 ~ 3 年。

图 2-6　种子

# （二）高辣辣椒的生育阶段

生育阶段又称为生育周期（也称为生长发育周期），一般把高辣辣椒的生长发育阶段分为发芽期、幼苗期、开花期、坐果期 4 个阶段，各阶段生长发育特点不同。高辣辣椒的生长发育规律是在长期自然条件和人工选择下形成的，要获得优质、高产，就必须掌握高辣辣椒的生长发育规律，满足其各个时期对环境条件的要求。

图 2-7　高辣辣椒生育阶段

### 1. 发芽期

　　播种之后，一直到长出第一片真叶，都是发芽期。通常这一过程需要 1 周左右的时间，同时还要保证环境温度在 20 ~ 30℃之间，并且要给予足够的水分，才能保证拥有较高的发芽率，顺利进入发芽期。

　　种子发芽时首先是吸水，吸水开始后 12 小时内吸水速度快，之后稍慢，从第 48 个小

图 2-8　发芽期

时起，酶活性、激素开始形成，吸水速度又加快。此时，幼根伸长，突破种皮，开始露白；胚轴伸长，逐渐将子叶从种子内拖出地面，开始出苗。种子发芽的温度范围为 10 ~ 30℃，温度在 20 ~ 30℃之间比较适宜，在 15℃中发芽需 25 天，25℃中仅需 8 天，发芽温度最好不超过 32℃。温度在 10℃时停止发芽，5℃以下受冻害。发芽时需要充足的氧气，土壤含水量为 9% ~ 16%，超过 18% 时，种皮吸水过多，胚缺氧，发芽率下降。

### 2. 幼苗期

　　高辣辣椒的发叶速度受环境条件的影响很大。在适宜的条件下，幼苗期约隔 5 天长出 1 片新叶。叶片从开始分化到长大，距离子叶近的叶需 30 天左右，距子叶远的叶逐渐延长至 55 天。在传统的育苗条件下，从子叶长到第一朵花现蕾，需 75 ~ 80 天，而通过现代育苗技术，仅需 45 ~ 55 天。幼苗生长到 8

片真叶以前，子叶都具有母体的作用，根开始伸长时靠子叶内贮藏的养分。根系展开后，将从土壤中吸收外来的水分、无机盐，以及在根中形成对地上部发育必需的物质，提高光合作用的能力；茎叶中光合作用形成的物质，又向地下部输送，使根系进一步扩大。茎叶与根系的发育密切相关，茎叶发育好，根系也较大。因此保护叶片，特别是幼苗期使叶片完整、肥大，对促进根系发育非常重要。

图 2-9　幼苗期

在第一片真叶长出顶芽花蕾之前，都是幼苗期。通常这一过程在冬春季一般需要 2 个月左右的时间，在夏秋季一般需要 1 个月左右时间。进入幼苗期后生长速度变慢，对于环境温度有着较高要求，种植人员需要尽量避免低温环境对其生长造成影响，同时要根据幼苗生长状态控制温度和浇水量，如幼苗第一片真叶出现的 3 天之内，需要做到控水、控温；当幼苗长出 7 片左右真叶之后，需要适当添加尿素肥料，这样可以加快幼苗根茎的生长。幼苗期的幼苗生长较快时，需要及时进行分苗操作。要想培育出高质量的幼苗，就需要种植人员做好田间管理工作，重视每一个阶段的环境条件控制，从而确保辣椒能够获得良好的品质和更多的产量。

高辣辣椒从子叶展开开始，其叶片数不断增多，叶面积也不断增大，表现出生长发育显著加快的状态。此时若夜温适宜，光照充足，子叶就会表现宽大；若夜温高，再加上光照不足，子叶就会变得小而细长，如果情况继续恶化，下胚轴将伸长，子叶很可能黄化脱落。在小苗第 2 片真叶完全展开、第 3 片真叶开始展开时开始花芽分化，同时也开始分枝，通常是二杈分枝，但也会出现三杈分枝。当育苗场所的夜温低、营养充足、植株生长健壮时，往往会出现三杈分枝；在三杈分枝中，有的是完全的三杈分枝，有的则是不完全的三杈分枝；所谓不完全三杈分枝是其中有 1 个分枝是由 2 个枝结合而成的，所以虽然外表上看起来是二杈分枝，但它也同三杈分枝一样，在五杈股的地方结出两个辣椒。夜温高、日照不足、营养不良时，就不容易见到三杈分枝。三杈分枝对提高前期产量有积极作用，但对采用二杈整枝长期栽培的会因此而稍增加一点工作量。

### 3. 开花期

高辣辣椒的开花期是从顶芽花蕾到开始坐果的时期，属于边坐果边开花类型。花在晴天开放得早，阴天晚，多数从早晨 6 时起花瓣开始张开，8 时左右盛开，1 朵花能连续开放 2～3 天。花药开放比开花略迟，但当温度过低或其他条件不适宜花朵开放时，花药在花蕾中也能开放。

图 2-10　开花期

高辣辣椒花瓣颜色鲜艳，具芳香，雌雄异熟。同时具有与自花授粉相适应的形态结构和行为：雌雄同株，雄蕊紧靠雌蕊，花药外向开裂，传粉时花药向雌蕊下弯，且开花时间比较短。高辣辣椒的整体花期可以分为初花期、盛花期、末花期三个时期；花朵开放后，器官颜色均逐渐变深，最后褐变凋谢。

### 4. 坐果期

高辣辣椒从下往上坐果有"门椒""对椒""四斗门""八面风"和"满天星"。植株最下面的第一个分叉处结出的果实，也就是最下面靠近地面的第一朵花所结出的第一个果实，叫做门椒；往上有两个分枝，每个分枝上最

满天星
八面风
四门斗
对椒
门椒

图 2-11 坐果期

下面各结出一个果实, 共两个, 叫做对椒; 再往上分别结出四个果实, 叫做四门斗; 四门斗上面有八个果实, 叫做八面风; 再往上结出的果实多且有点混乱, 叫做满天星, 这就是辣椒开花和结果的特性。门椒的去留, 并没有统一的规定, 这个需要根据植株具体的长势来决定。比如我们移栽的辣椒, 如果在土壤肥力充足、肥水充足、温度和各个条件都适宜的情况下, 根系和秧苗都会长得非常发达和健壮, 容易形成秧子疯长而不结果的现象, 那么, 对于这种情况, 门椒一定不能摘除, 利用门椒来坠住秧子, 阻止它旺长, 以节省更多的养分来供应开花和结果。如果我们种植的辣椒, 由于在土壤肥力不足、肥水跟不上、根系发育不良的情况下, 秧苗就会长得缓慢矮小, 有的在移栽时就开始开花和结果, 对于这样的情况就要及时摘除门椒, 如果不摘除的话, 门椒就容易把秧子给坠住, 因为门椒在发育生长的过程中需要消耗养分, 而根系所输送的养分大部分被果实截留, 上面的枝叶和开花结果养分不足, 不能正常地生长和开花结果, 导致结果少、产量低、果实质量差。

从第一朵花坐果到收获结束为结果期, 此期经历时间较长, 因品种和栽培方式不同而有差异, 一般为 50 ~ 120 天。结果期以生殖生长为主, 并继续进行营养生长, 需水需肥量很大。此期要加强水肥管理, 创造良好的栽培条件，促进秧果并旺，连续结果，以达到丰收的目的。高辣辣椒结果期一般可分为以下 3 个阶段。

### （1）膨大阶段

从坐果到椒果长成（达到青熟）为椒果膨大阶段，此阶段果实重量和体积迅速增加，到这一阶段末，果实和种子完成形态发育，椒果体积停止膨大，果实变硬，呈现深绿色，达到青熟。青熟期为青椒的商品成熟期。

### （2）转色阶段

从青熟果到老熟果阶段。这一阶段果皮中叶绿素含量逐渐减少，辣椒红色素含量逐渐增加，果实由青转鲜红（或橙黄）色，体积不再增加，果实内含物仍在充实，直到果皮中叶绿素、花青素全部消失，整个椒果全部变红（或黄）。

### （3）成熟阶段

从红（或黄）熟到完熟为生理成熟阶段。果实全红（或黄）之后，再生长数天，进一步增加干物质积累，才能达到完全成熟。完熟的主要特征：种子充分发育，种胚具有繁衍后代的能力。因此，完熟又称为生理成熟，也称为生物学成熟。完熟阶段，果实含水量逐渐下降，颜色逐渐加深。完熟时椒果发软，变成深红（或黄）色，干物质积累达到最大值。达到完熟，干椒品种才可以收获。繁育种子的椒果，需在完熟后收获。

结果期是高辣辣椒产量形成的关键时期，也是营养生长与生殖生长矛盾最突出的时期。植株连续开花结果，枝叶同时生长，需水、需肥量很大。此期自然灾害较多，又容易发生病虫害，田间管理的任务繁重。需通过水肥管理等农艺措施，改善田间生态环境，调整植株生长状态，协调营养生长和生殖生长的关系，保证植株壮而不旺、不早衰。

## （三）高辣辣椒对外在环境条件的要求

### 1. 温度的要求

最适合高辣辣椒种子发芽的温度是 25 ~ 30℃之间，最低温度不能低于

15℃，如果环境温度已经低于10℃，种子将不会发芽。进入幼苗期之后，种植人员需要保证夜间的环境温度达到30℃，如遇阴雨天气，需要采取有效的措施防冻保温；进入初花期后，种植人员需要保证夜间温度在15～20℃之间，除了这两个阶段的环境温度要求比较严格之外，其他阶段对于温度的要求并不高，但是也不能有过大的温度差异；进入采收期的后期，种植人员需要保证环境温度在20～25℃之间，这样可以促进果实的着色，加快成熟速度。在福建省闽西北中高海拔地区进行高辣辣椒种植时，由于气候条件比较适宜，种植人员只需要做好田间管理工作，控制好水肥用量，就能够有效避免落花落果问题。

温度对高辣辣椒茎叶的发育影响很大。日温关系到同化作用的强弱。一般地说，光合作用的适宜温度为27℃左右，适当提高温度能促进叶子的分化和发育，但不宜超过27℃。晚上的平均温度以20℃较为合适，尤其以前半夜温度稍高，后半夜稍低，日温高于夜温时更为理想。在这种温度下，既能保证白天由同化作用产生的糖类充分地转移到其他部位，又可把呼吸消耗减少到最低程度。夜温不可高于30℃，否则，生长虽快，但呼吸消耗增加，茎叶容易衰老、枯死；也不应低于15℃，防止同化产物运转不良，大量积累于叶中，使植株矮化，生长点退化。地温的高低会影响养分的吸收和植株的生长，对辣椒的地上部和地下部的发育都比较有利的地温是17～24℃。

## 2. 光照的要求

高辣辣椒对于光照的要求较低，对于日照长短没有过多的要求，在长日照、短日照的环境下都能够正常地开花结果。但是通常情况下，最适宜的日照时常是9小时左右，种植人员可以适当留意，尽量控制日照时数。虽然对于日照时数的要求不高，但是种植人员在栽培的过程中还是要保证幼苗能够感受到足够的光照，否则幼苗的生长速度过快，会导致幼苗根茎纤细，缺乏良好的抗逆性；尤其是定植之后的幼苗，需要保证光照条件，否则植株生长状态差，抗病能力弱，容易出现开花不良的情况，导致最终的产量和品质下降。因此，种植人员需要保证栽培过程中拥有中等强度的光照条件。

### 3. 水分的要求

高辣辣椒的根系非常健硕，能够更好地吸收水分，所以拥有一定的抗旱能力。在整个生长发育周期中，种植人员应当保证环境的湿度较小。苗期阶段不能补充过多的水分，否则幼苗的生长速度过快，会导致高脚苗问题，幼苗容易发生猝倒病。在开花结果阶段也不能补充过多的水分，周围环境湿度不能过大，否则会影响花朵授粉，使形成的果实相对较小，同时也容易出现病害问题。因此，在进行水分灌溉时，应当保障土地拥有一定的排水条件，可以设置成深沟高畦的形式进行栽培。

### 4. 养分的要求

不同时期的高辣辣椒，对于水肥的需求量有较大差异。比如在育苗期，对于磷肥和氮肥的需求量较大，所以满足这一条件可以促进幼苗更好地生长；在定植之后，需要及时补充磷肥和钾肥，这样可以更好地促进植株开花结果；进入辣椒的生长后期阶段，种植人员应当主要使用氮、磷、钾三种元素混合而成的复合肥，每种元素的比例一定要合理配置，这样才能起到相应的效果，可通过有效延长叶片的功能期，避免辣椒过早衰老，获得更多的果实和产量。但是具体的肥料使用量需要根据环境温度进行调整，如果温度过高可以适当减少肥料的使用，反之则增加肥料的使用。对于水分来说，高辣辣椒拥有一定的耐旱性，所以对水分的需求较小，种植人员可以根据植株的生长状态决定是否需要进行浇水。如果叶片快要枯萎，需要及时浇水，但不能过量。高辣辣椒在生长过程中对于肥料的需求量较大，再加上生长周期长，所以这一过程需要消耗很多的营养物质。在定植之前所使用的肥料，主要是作为基肥使用，但依靠这些肥料很难满足高辣辣椒的生长需求，在不同生长阶段，还需要进行适当的追肥操作，从而满足高辣辣椒的生长需求。

### 5. 土壤的要求

高辣辣椒的适应能力较强，在一般的土壤环境下都可以稳定生长，比如沙壤土、黏壤土或壤土。但是最适合高辣辣椒种植的土壤应当拥有良好的排水能力，最好是在沙壤土上进行种植，土壤的 pH 值最好在 6 左右。高辣辣椒生长过程对于土壤的养分含量有着一定要求，在幼苗期需要保证土壤当中拥有充足的氮肥；进入开花结果阶段需要保证土壤中拥有较多的磷肥、钾肥，这样可保证幼苗的根系生长更加健壮，有效地提升辣椒的抗病能力。土壤中水分过多时，叶柄偏上生长，叶尖向下，叶面积大，蒸腾作用强烈。土壤过湿，透气性差，根系吸收力弱，中午光照过分强烈时，会发生萎蔫；土壤过干，会使叶子萎蔫，茎叶生长速度下降，植株弱小。所以，栽培时要注意选择结构良好的土壤，并保持适宜的墒情。

### 6. 空气的要求

为使种子迅速发芽出土，土壤空气中的氧气含量应保持在 10% 以上。高辣辣椒要求干燥空气，雨水多则授粉不良。当空气相对湿度大于 95% 时，病菌繁殖活跃，可通过修剪、通风、撒草木灰等方式降低湿度，抑制病菌的繁殖。高辣辣椒对土壤中氧气浓度的反应敏感，缺氧时地上部和地下部的发育都差。

# 三、高辣辣椒新品种

三明市农业科学研究院于 1998 年开始进行辣椒新品种的选育工作，目前，拥有各类辣椒种质资源 2000 余份，先后育成辣椒新品种 20 余个，拥有"福建省科技创新平台—茄果类蔬菜产业技术研究院"，并与中国农业科学院蔬菜花卉研究所合作在三明市农业科学研究院挂牌成立了"国家蔬菜改良中心—高辣和超辣辣椒品种创新中心"。

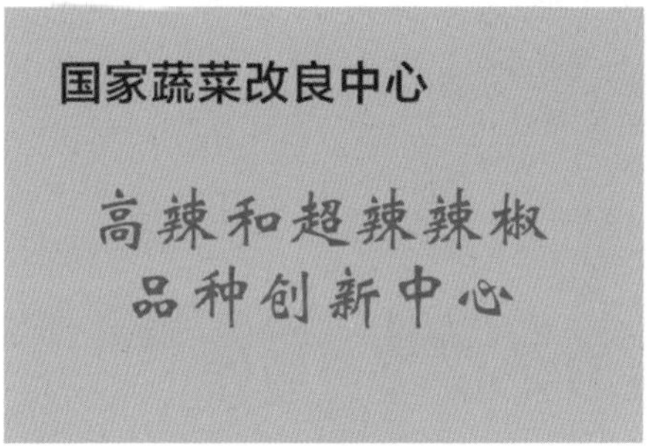

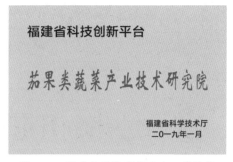

图 3-1 国家蔬菜改良中心—高辣和超辣辣椒品种创新中心

图 3-2 福建省科技创新平台—茄果类蔬菜产业技术研究院

近年来，三明市农业科学研究院以市场为导向，育成了一批具有自主知识产权的"三明明椒"系列高辣辣椒新品种，其中"明椒 7 号""明椒 8 号""明椒 9 号""明椒 10 号"等多个高辣辣椒新品种在福建省三明、南平、宁德等高辣辣椒主产区种植，表现出产量高、辣度强、香味浓郁、风味独

图 3-3 邹学校院士和张宝玺研究员到三明市农业科学研究院考察高辣辣椒新品种

特等特点，深受椒农和加工企业的欢迎；目前，这些高辣辣椒新品种在省内外累计推广 5 万亩以上，培训农民 3000 人次以上，取得了较好的经济和社会效益。

图 3-4 王立浩研究员到将乐县种植基地 考察高辣辣椒新品种

图 3-5 何水林教授到大田县种植基地 考察高辣辣椒新品种

图 3-6 三明市大田县高辣辣椒新品种展示观摩会

图 3-7 南平市政和县高辣辣椒新品种展示观摩会

图 3-8　宁德市福鼎市高辣辣椒新品种展示观摩会

图 3-9　高辣辣椒新品种高效栽培技术培训（沙县）

图 3-10　高辣辣椒新品种高效栽培技术培训（明溪）

## （一）高辣特色辣椒新品种

### 1."明椒7号"

"明椒7号"是三明市农业科学研究院自主选育的高辣特色辣椒一代杂交新品种，2014年获得福建省农作物品种认定证书（认定编号：闽认菜2014003），2017年获得农业部植物新品种权证书（品种权号：CNA20140006.4）。

图3-11　福建省农作物品种认定证书

图3-12　植物新品种权证书

### （1）品种特性

早中熟，始花节位9～11节，春季栽培从定植到始收老熟果100天左右。株型半直立，株高80～100厘米，株幅100厘米左右，茎粗2.2～2.8厘米；叶绿色，叶卵圆形，叶面微皱，叶缘波状；商品果纵径5.0～7.0厘米，商品果横径2.0～2.5厘米，果肉厚0.2厘米左右，果梗长3.0～3.5厘米，单果重7～9克，果短锥形，果肩凸，果顶钝圆，青熟果绿色，老熟果红色，果面光滑、有棱沟、有光泽；单株结果数300个以上，辣度15万～20万斯科维尔（SHU）；果皮软、风味佳、果形美观、商品性好，适宜鲜食调味、制干、制酱等。

图 3-14　青熟果

图 3-15　老熟果

图 3-13　单株

## （2）栽培要点

适宜海拔 500 米以上的中高海拔地区种植，采取单行小高畦种植方式，畦高 25 ～ 30 厘米，株距 80 ～ 100 厘米，行距 120 ～ 130 厘米，每亩定植 500 ～ 700 株，一般亩产老熟红椒 2500 千克以上。

图 3-16　植株长势

图 3-17　采收果实

三明市沙县区
琅口村种植视频

图 3-18　三明市沙县区琅口村种植场景

南平市政和县
范屯村种植视频

图 3-19　南平市政和县范屯村种植场景

三明市沙县区
盖竹村种植视频

图 3-20　三明市沙县区盖竹村种植场景

## 2. "明椒 8 号"

"明椒 8 号"是三明市农业科学研究院自主选育的高辣特色辣椒一代杂交新品种，2018 年获得农业农村部非主要农作物品种登记证书 [登记编号：GDP 辣椒（2018）350243]，2021 年获得农业农村部植物新品种权证书（品种权号：CNA20170414.7）。

图 3-21　非主要农作物品种登记证书　　图 3-22　植物新品种权证书

### （1）品种特性

早中熟，始花节位 9 ～ 11 节，春季栽培从定植到始收老熟果 100 天左右。株型半直立，株高 80 ～ 100 厘米，株幅 80 ～ 100 厘米，茎粗 2.5 ～ 3.0 厘米；叶浅绿色、叶卵圆形、叶面微皱、叶缘波状；商品果纵径 5.0 ～ 6.5 厘米，商品果横径 2.5 ～ 2.8 厘米，果肉厚 0.2 厘米左右，果梗长 2.5 ～ 3.0 厘米，单果重 5.5 ～ 7.5 克，果短锥形，果肩凸，果顶钝圆，青熟果浅绿色，老熟果橙黄色，果面光滑、有棱沟、有光泽；单株结果数在 300 个以上，辣度 15 万 ～ 20 万斯科维尔（SHU）；果皮软、香味浓郁、果形美观、商品性好，适宜鲜食调味、制干、制酱等。

### （2）栽培要点

适宜 500 米以上中高海拔地区种植，采取单行小高畦种植方式，畦高 25 ～ 30 厘米，株距 80 ～ 100 厘米，行距 120 ～ 130 厘米，每亩定植 500 ～ 700 株，一般亩产老熟黄椒 2500 千克以上。

图 3-23 单株

图 3-24 青熟果

图 3-25 老熟果

图 3-26 植株长势

图 3-27 采收果实

三明市沙县区
琅口村种植视频

图 3-28 三明市沙县区琅口村种植场景

宁德市福鼎市
管阳村种植视频

图 3-29　宁德市福鼎市管阳村种植场景

三明市沙县区
盖竹村种植视频

图 3-30　三明市沙县区盖竹村种植场景

南平市政和县
洋头村种植视频

图 3-31　南平市政和县洋头村种植场景

# （二）高辣朝天椒新品种

## 1. "明椒 9 号"

"明椒 9 号"是三明市农业科学研究院自主选育的具有福建特色的高辣朝天椒一代杂交新品种，2020 年获得农业农村部非主要农作物品种登记证书 [ 登记编号：GDP 辣椒（2019）350244]，2021 年获得农业农村部植物新品种权证书（品种权号：CNA20170415.6）。

图 3-32　非主要农作物
品种登记证书

图 3-33　植物新品种权证书

### （1）品种特性

早中熟，始花节位 7 ~ 9 节，春季栽培从定植到始收老熟果 95 天左右。株型直立，株高 60 ~ 80 厘米，株幅 60 ~ 70 厘米，茎粗 2.0 ~ 2.5 厘米；叶绿色，叶长卵圆形，叶面光滑，叶缘波状；商品果纵径 6.0 ~ 8.0 厘米，商品果横径 2.0 ~ 2.5 厘米，果肉厚 0.15 厘米左右，果柄长 2.5 ~ 3.0 厘米，单果重 7 ~ 10 克，果短牛角形，果肩凸，果顶细尖，青熟果绿色，老熟果红色，果面光滑、无棱沟、有光泽；单株结果数在 150 个以上，辣度 5 万 ~ 7 万斯科维尔（SHU）；果皮油分含量高、香味浓郁、丰产性好、商品性佳，具备福建特色朝天椒特点，适宜制干、制酱等。

图 3-35　青熟果

图 3-36　老熟果

图 3-34　单株

## （2）栽培要点

采取单行小高畦种植方式，畦高 25 ～ 30 厘米，株距 40 ～ 50 厘米，行距 120 ～ 130 厘米，每亩定植 1500 株左右，一般亩产老熟红椒 1800 千克以上。

图 3-37　植株长势

图 3-38　采收果实

图 3-39　南平市政和县范屯村种植场景

图 3-40　三明市沙县区盖竹村种植场景

## 2."明椒 10 号"

"明椒 10 号"是三明市农业科学研究院自主选育的具有福建特色的高辣朝天椒一代杂交新品种，2020 年获得农业农村部非主要农作物品种登记证书 [ 登记编号：GDP 辣椒（2019）350860]。

图 3-41　非主要农作物品种
登记证书

### （1）品种特性

早中熟，始花节位 7～9 节，春季栽培从定植到始收老熟果 90 ～ 95 天。株型直立，株高 60 ～ 70 厘米，株幅 50 ～ 60 厘米，茎粗 2.0 ～ 2.5 厘米；叶绿色，叶长卵圆形，叶面光滑，叶缘波状；商品果纵径 7.0 ～ 9.0 厘米，商品果横径 2.0 厘米左右，果肉厚 0.15 厘米左右，果柄长 2.8 ～ 3.0 厘米，单果重 7 ～ 10 克，果短羊角形，果肩凸，果顶细尖，青熟果绿色，老熟果红色，果面光滑、无棱沟、有光泽；单株结果数在 150 个以上，辣度 5 万 ～ 7 万斯科维尔（SHU）；果皮油分含量高、香味浓郁、丰产性好、商品性佳，具备福建特色朝天椒特点，适宜制干、制酱等。

图 3-43　青熟果

图 3-42　单株

图 3-44　老熟果

### （2）栽培要点

采取单行小高畦种植方式，畦高 25 ～ 30 厘米，株距 40 ～ 50 厘米，行距 120 ～ 130 厘米，每亩定植 1500 株左右，一般亩产老熟红椒 1800 千克以上。

图 3-45　植株长势　　　　　　　　　图 3-46　采收果实

图 3-47　南平市政和县范屯村种植场景

图 3-48　三明市沙县区盖竹村种植场景

## 3."明椒 11 号"

"明椒 11 号"是三明市农业科学研究院自主选育的高辣朝天椒一代杂交新品种，2020年获得农业农村部非主要农作物品种登记证书[登记编号：GDP 辣椒（2019）350861]。

### （1）品种特性

早中熟，始花节位 7～9 节，春季栽培从定植到始收老熟果 90～95 天。株型直立，株高 60～70 厘米，株幅 55～60 厘米，茎

图 3-49　非主要农作物品种登记证书

粗 2.0～2.5 厘米；叶绿色，叶长卵圆形，叶面光滑，叶缘波状；商品果纵径 7.0～9.0 厘米，商品果横径 2.0 厘米左右，果肉厚 0.15 厘米左右，果柄长 2.2～2.5 厘米，单果重 7～10 克，果短牛角形，果肩凸，果顶细尖，青熟果绿色，老熟果橙黄色，果面光滑、无棱沟、有光泽；单株结果数在 100 个以上，辣度 5 万～8 万斯科维尔（SHU）；辣味强、香味浓郁、丰产性好、商品性佳，适宜鲜食调味、制干、制酱等。

图 3-50　单株

图 3-51　青熟果

图 3-52　老熟果

## （2）栽培要点

采取单行小高畦种植方式，畦高25～30厘米，株距40～50厘米，行距120～130厘米，每亩定植1500株左右，一般亩产老熟黄椒1500千克以上。

图 3-53　植株长势

图 3-54　采收果实

### 4."明椒 12 号"

"明椒12号"是三明市农业科学研究院自主选育的高辣朝天椒一代杂交新品种，2020年获得农业农村部非主要农作物品种登记证书 [ 登记编号：GDP 辣椒（2019）350862]。

图 3-55　非主要农作物品种
登记证书

### （1）品种特性

早中熟，始花节位7～9节，春季栽培从定植到始收老熟果90～95天。株型直立，株高60～75厘米，株幅55～60厘米，茎粗2.0～2.5厘米；叶绿色，叶长卵圆形，叶面光滑，叶缘波状；商品果纵径7.0～9.0厘米，商品果横径1.8厘米，果肉厚0.15厘米左右，果柄长2.5厘米左右，单果重7～10克，果短羊角形，无果肩，果顶细尖，青熟果绿色，老熟果红色，果面光滑、无棱沟、有光泽；单株结果数在100个以上，辣度5万～6万斯科维尔（SHU）；果实香味浓郁、丰产性好、商品性佳，适宜鲜食、制干、制酱等。

图 3-57　青熟果

图 3-56　单株

图 3-58　老熟果

## （2）栽培要点

采取单行小高畦种植方式，畦高 25 ～ 30 厘米，株距 40 ～ 50 厘米，行距 120 ～ 130 厘米，每亩定植 1500 株左右，一般亩产老熟红椒 1800 千克以上。

图 3-59　植株长势

图 3-60　采收果实

### 5. "明椒 118"

"明椒 118"是三明市农业科学研究院最新选育的具有福建特色的高辣朝天辣三系杂交新品种，2024 年获得农业农村部非主要农作物品种登记证书 [ 登记编号：GDP 辣椒（2024）350447]。

图 3-61　非主要农作物品种
登记证书

#### （1）品种特性

早熟，始花节位 7 ~ 9 节，春季栽培从定植到始收老熟果 90 ~ 95 天。株型半直立，株高 85 厘米左右，株幅 75 厘米左右，茎粗 2.0 ~ 2.5 厘米；叶绿色，叶长卵圆形，叶面光滑，叶缘波状；商品果纵径 8.0 ~ 10.0 厘米，商品果横径 1.8 厘米左右，果肉厚 0.16 厘米左右，果柄长

图 3-62　单株

图 3-63　青熟果

图 3-64　老熟果

3.5厘米左右，单果重7～10克，果长指形，果肩凸，果顶细尖，青熟果绿色，老熟果红色，果面光滑、无棱沟、有光泽；单株结果数在150个以上，辣度5万～7万斯科维尔（SHU）；果皮油分含量高、香味浓郁、丰产性好、商品性佳，具备福建特色朝天椒特点，适宜制干、制酱等。

### （2）栽培要点

采取单行小高畦种植方式，畦高25～30厘米，株距40～50厘米，行距120～130厘米，每亩定植1500株左右，一般亩产老熟红椒1800千克以上。

图3-65　植株长势

图3-66　采收果实

### 6.“明椒218”

“明椒218”是三明市农业科学研究院最新选育的具有福建特色的高辣朝天辣三系杂交新品种，2024年获得农业农村部非主要农作物品种登记证书[登记编号：GDP辣椒（2024）350446]。

图3-67　非主要农作物品种
登记证书

### （1）品种特性

早熟，始花节位7～9节，春季栽培从定植到始收老熟果90～95天。株型半直立，株高85～95厘米，株幅75～80厘米，茎粗2.0厘米左右；叶绿色，叶长卵圆形，叶面光滑，叶缘波状；商品果纵径8.0～10.0厘米，商品果横径1.8厘米左右，果肉厚0.15厘米左右，果梗长

3.5 厘米左右，单果重 8 克左右，果长指形，果肩凸，果顶细尖，青熟果绿色，老熟果红色，果面光滑、无棱沟、有光泽；单株结果数在 150 个以上，辣度 6 万～7 万斯科维尔（SHU）；果皮油分含量高、香味浓郁、丰产性好、商品性佳，具备福建特色朝天椒特点，适宜制干、制酱等。

**（2）栽培要点**

采取单行小高畦种植方式，畦高 25～30 厘米，株距 40～50 厘米，行距 120～130 厘米，每亩定植 1500 株左右，一般亩产老熟红椒 1800 千克以上。

图 3-68 单株

图 3-69 青熟果

图 3-70 老熟果

图 3-71 植株长势

图 3-72 采收果实

## 7. "明椒 318"

"明椒 318"是三明市农业科学研究院最新选育的具有福建特色的高辣朝天辣杂交新品种，2024 年获得农业农村部非主要农作物品种登记证书 [登记编号：GDP 辣椒（2024）350445]。

图 3-73　非主要农作物品种登记证书

### （1）品种特性

早熟，始花节位 7 ~ 9 节，春季栽培从定植到始收老熟果 90 ~ 95 天。株型半直立，株高 85 厘米左右，株幅 80 厘米左右，茎粗 1.5 ~ 2.0 厘米；叶绿色，叶长卵圆形，叶面光滑，叶缘波状；商品果纵径 8.0 ~ 11.0 厘米，商品果横径 1.8 厘米左右，果肉厚 0.18 厘米左右，果柄长 3.0 厘米左右，单果重 8 ~ 12 克，果长指形，果肩凸，果顶细尖，青熟果绿色，老熟果红色，果面光滑、无棱沟、有光泽；单株结果数在 150 个以上，

图 3-74　单株

图 3-75　青熟果

图 3-76　老熟果

辣度 7 万 ~ 9 万斯科维尔（SHU）；果皮油分含量高、香味浓郁、丰产性好、商品性佳，具备福建特色朝天椒特点，适宜制干、制酱等。

### （2）栽培要点

采取单行小高畦种植方式，畦高 25 ~ 30 厘米，株距 40 ~ 50 厘米，行距 120 ~ 130 厘米，每亩定植 1500 株左右，一般亩产老熟红椒 1800 千克以上。

图 3-77　植株长势

图 3-78　采收果实

# 四、高辣辣椒生产管理技术

## （一）高辣辣椒播种期

高辣辣椒播种期应根据海拔高度的不同来确定播种时间。在闽西、闽西北、闽北等福建山区，低海拔地区（海拔≤400米），播种期一般在12月下旬至翌年1月上中旬；中高海拔地区（海拔＞400米），播种期一般在1月中旬至2月上旬。

## （二）高辣辣椒育苗技术

### 1. 苗床育苗

#### （1）选址

辣椒苗床应选择背风向阳、排水良好、土层深厚、便于灌溉、前茬没有种过茄果类蔬菜的地块，畦高约30厘米，畦面宽约100厘米。并保持床内地面平整。

苗床育苗视频

图 4-1　苗床

### （2）营养土配制

营养土可按如下方法配制：选用优质的草炭、珍珠岩和蛭石，按6：3：1的比例混合，每方加多菌灵100克左右充分混合拌匀。随后将配好的营养土撒入苗床内。

图4-2　营养土配制

### （3）种子消毒与催芽

①消毒

**温汤浸种：**种子用50～55℃温汤浸种15～20分钟，不停搅拌，直至水温降至28～30℃为止，继续浸种8～10小时。

**药剂浸种：**先用温水将种子预浸4～5小时，起水后再将种子用0.1%高锰酸钾浸种15分钟，或用10%磷酸三钠浸种20～30分钟，然后再用清水将种子冲洗干净，并晾干表面明水。

图4-3　温汤浸种消毒

②催芽：将消毒后的种子摊在干净、湿润的棉布上，用塑料袋保湿，置于30℃的条件下催芽，催芽过程中每天要用清水淘洗一次，以提供充足的氧气，一般经4～5天，待70%露白后即可选择晴天进行播种。

图4-4　药剂浸种消毒

### （4）播种

播种前苗床先浇足底水，一般采用撒播，每平方米苗床播2～4克种子，然后苗床表面撒入1～2厘米厚的已消毒的蔬菜育苗基质。在早春播种，可在覆土后盖

图4-5　催芽

一层地膜，既有保温保湿的作用，又可防止"戴帽"出土；在秋季播种，可在覆土后盖一层遮阳网，起到保湿防晒的作用。

### （5）苗期管理

①**温度管理**：辣椒是喜温、需阳光充足、忌涝的作物，在苗期阶段以调节床温、增加光照、合理控制湿度为主。育苗棚内白天温度宜保持在 25 ~ 30℃，夜间温度宜保持在 15 ~ 20℃，白天棚内温度超过 30℃ 或夜间低于 15℃，则要相应加强通风透气或加强保温；极端高温的情况下，可盖上遮阳网进行降温。

②**水分管理**：苗床应有充足的水分，但又不能过湿。播种时浇足底水，一般到分苗时不会缺水。若床土过干时，可适当用喷壶浇水，但不宜过多，以保持土壤湿润为宜。若发现苗子缺肥时，可喷施叶面肥。

③**光照管理**：白天要及时揭开薄膜增加光照，同时要注意保持薄膜清洁，及时清除膜内水珠。

图 4-6　播种

图 4-7　盖膜保温

图 4-8　盖遮阳网降温

图 4-9　水分管理

图 4-10　光照管理

## 2. 穴盘育苗

穴盘苗就是在穴孔中培育可移植的幼苗。每株幼苗的根系都完全自行盘结在各自的穴孔内，移栽时可将其根系完好无损地移栽到地里，这样移栽后植株的生长均衡，更容易成活。

### （1）育苗基质的选择与处理

选用优质的草炭、珍珠岩和蛭石，按 6 : 3 : 1 的比例混合，每立方米基质再加入 N : P : K 为 15 : 15 : 15 的优质复合肥 1 ~ 2 千克，搅拌时加入适量水，基质含水量在 50% ~ 60%，以手握成团、落地即散为宜。

图 4-11　基质配制

### （2）育苗温室及穴盘的消毒

在温室内育苗，将高锰酸钾、甲醛和水按 1 : 1 : 5 的比例混合进行烟雾消毒，闷棚 48 小时，待气体散尽后即可使用。穴盘消毒时，用 40% 福尔马林 100 倍液浸泡苗盘 15 ~ 20 分钟，然后在穴盘上覆盖一层塑料薄膜，密闭 7 天后揭开，用清水将穴盘冲洗干净。

图 4-12　穴盘消毒

### （3）装盘

高辣辣椒育苗应根据品种特性来选择穴盘，一般选用 50 孔（如"明椒 7 号""明椒 8 号"等）或 72 孔（如"明椒 9 号""明椒 10 号"等）的穴盘进行育苗。将穴盘放平，把拌好的基质装入穴盘

图 4-13　装盘

中，装盘时要注意，装到穴盘每穴中的基质要均匀、疏松，不能压实，也不

能出现中空。

### （4）播种与出苗

每穴播1粒种子，深度0.5～1厘米。种子平放在穴孔中间，播完后覆盖一层约0.5厘米厚的基质。将播好的育苗盘平放在苗床上，喷透水，喷至每穴滴水为宜。冬季时，育苗盘上要覆盖一层薄膜，保温保湿；夏季光照强的情况下，使用遮阳网适当遮阴。在种子没有出苗前要适当补水，使育苗盘保持一定的持水量，便于出苗。

图4-14　穴盘播种

### （5）苗期管理

①**肥水管理**：待苗出齐后，在天气好的情况下可以喷透水，保证幼苗的正常生长。结合喷水每5～7天浇肥1次，可选用磷酸二氢钾肥料，浓度以0.1%为宜。2片真叶后开始适当控制水分，防止幼苗徒长，培育壮苗。

②**温度、湿度管理**：育苗棚内白天温度宜保持在25～30℃，夜间温度宜保持在15～20℃，白天棚内温度超过30℃或夜间低于15℃，则要相应加强通风透气或加强保温。

③**苗期调控**：穴盘苗如果出现徒长，植株细弱，可增加光照，控制水分。也可用戊唑醇、丙环唑交替或混合使用处理，既能杀菌，又能控旺。

### 3. 集约化育苗

集约化育苗视频

集约化育苗是以不同规格的专用穴盘作容器，用草炭、蛭石等轻质材料作基质，采用自动化播种，根据辣椒苗生长要求进行人工调节环境，培育出优质辣椒苗的现代化育苗技术。其优点是机械化程度高、工作效率高、生产成本低、出苗整齐、病虫害少、移栽过程不伤根、定植后成活率高、种苗适于长途运输和便于商品化供应。集约化育苗主要设备有：基质消毒机、基质搅拌机、育苗穴盘、自动精量播种系统、恒温催芽设备、肥水供给系统等。

### （1）育苗前的准备

①温室消毒：将高锰酸钾、甲醛和水按 1 : 1 : 5 的比例混合进行烟雾消毒，闷棚 48 小时，待气体散尽后即可使用。

②穴盘与基质：高辣辣椒集约化育苗一般选择 50 孔或 72 孔数的穴盘。基质要求具有保肥保水力强、透气性好、不易分解、能支撑种苗等特点。常用的育苗基质由草炭、蛭石、珍珠岩按 6 : 3 : 1 配制而成。播种前每立方米基质加 50% 多菌灵粉剂 200 ~ 400 克，拌匀。

### （2）播种、装盘与摆盘

把处理好阴干的种子播入种孔内，每穴放 1 ~ 2 粒。播种后用干基质覆盖。大型育苗企业多采用气吸式精量播种机播种。

图 4-15　气吸式精量播种机

### （3）苗期管理

①出苗前的管理：摆盘后先用水浇透，水从穴盘底孔滴出，再覆 1 层小拱棚，以增温保湿。4 ~ 5 天后当苗盘中 60% 左右种子拱出表层时揭掉薄膜。根据基质湿度情况在播种浇水后至出苗前，白天温度控制在 25 ~ 30℃，夜间温度不低于 15℃；当有 10% 的幼苗开始顶土时要立即降低温度，白天温度控制在 20 ~ 25℃，夜间温度为 13 ~ 15℃，以防幼苗徒长。穴盘苗一般 7 ~ 9 天全苗，注意每天检查出苗率。

②出苗后管理：

**补苗：** 第 1 片真叶展开时补苗，补完后及时洒水。

**水分：** 采用自走式悬臂喷灌系统可设定喷洒量与喷洒时间。出苗后，要适当控水，保持见干见湿。需要浇水时一般早上洒水，晚上只补水，待基质稍干时浇透水，尽量减少浇水次数。成苗后起苗前一天或当天浇透水 1 次，使幼苗更容易取出。

**养分：** 幼苗如果叶色浅、叶片薄、颈细弱时，可浇一些营养液，营养液配方为 10 克尿素加 15 克磷酸二氢钾兑水 l5 千克，营养液 pH 值以 5.5 ～ 6.5 为宜。

**光照**：冬季育苗要尽量提高育苗床面的光照强度，延长光照时间。遇连续阴雨天气，可进行人工补光。在 2 片真叶后，可把穴盘间拉开 10 厘米距离，以利于通风透光，控制幼苗徒长。

**温湿度**：集约化育苗采用温度自动控制系统。育苗棚内白天温度宜保持在 25 ～ 30℃，夜间温度宜保持在 15 ～ 20℃，白天棚内温度超过 30℃或夜间低于 15℃，则要相应加强通风透气或加强保温。湿度的管理采取"宁干勿湿"的原则。如果确有必要浇水，应选在晴天上午，切不可在晴天下午浇水，以防大气突变。也可选择只喷雾不浇水的方法，既保证幼苗的生长速度，又不会导致土壤过湿。

图 4-16　自走式悬臂喷灌系统　　　　图 4-17　水肥一体智能管理系统

### （4）苗盘管理及炼苗

①苗盘管理：为使成苗整齐一致，可在第 1 片真叶展开后，每隔 3 ～ 5 天进行 1 次倒盘，将外围苗盘与内部苗盘倒换位置。倒盘时要仔细认真，以防伤苗。

②炼苗：移栽前 10 天对幼苗进行锻炼。炼苗的原则为低温、通风和适度控水。温度：夜温可降到 5 ～ 10℃，以提高幼苗的抗冷性；湿度：此期要加强水分管理，同时要逐渐揭去棚膜通风降湿。移栽前一般增加光照强度，以适应外界环境。

### （5）商品苗运输移栽

从育苗基地运苗时可带盘运输，采用运输架运苗或者采用定做的纸箱直接连穴盘运苗。未能及时移栽或栽不完的幼苗，可每天早上洒水，洒匀、洒透。穴盘育苗起苗时不能伤根，全根定植，定植后只要温度和湿度适宜，不经缓苗即可迅速进入正常生长。

图 4-18　穴盘运苗

### 4. 辣椒嫁接技术

在福建省高辣辣椒产区，由于土地受限，椒农常年在同一块土地上连作高辣辣椒，辣椒连作障碍日趋严重，青枯病、枯萎病、疫病、根腐病等土传病害发生严重，尤其是疫病多在结果期发生，常常引起死棵，造成减产，严重时甚至导致毁灭性损害。可采取嫁接育苗的方式对辣椒土传病害进行防治。

工厂化嫁接视频

### （1）砧木选择

高辣辣椒砧木品种可选择辣椒的野生种，如台湾的 PFR-K64、PER-S64、LS279 品系，有些茄子嫁接用砧木，如超抗托巴姆、红茄、耐病 VF 也可用于辣椒嫁接栽培。

### （2）嫁接方式

当砧木具 4～5 片真叶、茎粗达 5 毫米左右、接穗长到 5～6 片真叶时，为嫁接适期。嫁接工具主要是刀片、嫁接夹、橡胶套管等。使用前，将刀片、嫁接夹、橡胶套管等嫁接工具放入 200 倍的福尔马林溶液浸泡 1～2 小时进行消毒。嫁接前一天，用 600 倍的百菌清或 500 倍的多菌灵对嫁接用苗均匀喷药，第 2 天待茎叶上的露水干后再起苗。嫁接前，将真叶处的腋芽打掉。目前生产上一般采用斜劈接法、套管嫁接法等。

图 4-19　嫁接工具

①**斜劈接法**：砧木与接穗同时播种，当砧木苗高 6 ~ 7 厘米、子叶展开、真叶刚露时为嫁接适期。在削切口的时候，砧木和接穗都削成斜面，操作时，用刀片从幼苗的一侧直接斜削向另一侧（同时，去掉了砧木的上部和接穗的下部），角度在 30° ~ 45° 之间，斜面长 0.7 ~ 1.0 厘米。砧木和接穗的斜度要一致，用嫁接夹把两斜面紧密地固定在一起。此法操作简单，成活率较高，只是在固定砧木和接穗的时候，容易滑动，尤其是两斜面的斜度不一致，会给固定增加困难。

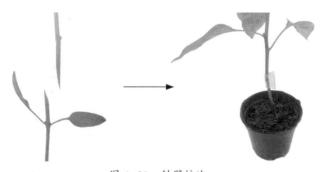

图 4-20　斜劈接法

②**套管嫁接法**：该嫁接法采取斜劈接操作程序进行起苗与苗茎削切，嫁接部位不用嫁接夹固定，而是用一种辣椒专用、长 1.2 ~ 1.5 厘米、两端为平行的 "O" 形橡胶管套住，将套管的一半套在砧木上，斜面与砧木切口的斜面方向一致，再将接穗插入套管中，使其切口与砧木切口紧密结合，借助橡胶管的张力，使辣椒接穗苗与砧木苗的接面紧密贴合。此法的优点是速度快、

效率高、操作简便。由于套管能很好地保持接口周围的水分，又能阻止病原菌的侵入，有利于伤口的愈合，能提高嫁接成活率。幼苗成活定植后，塑料套管随着时间的推移，尤其是露地栽培的风吹日晒，会很快老化、掉落，不用人工去除。

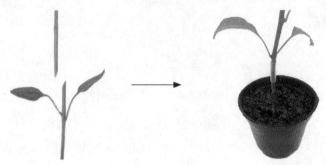

图4-21　套管嫁接法

### （3）愈合期管理

辣椒嫁接愈合期一般为5~8天，适合温度为白天25~30℃，夜间18~20℃，最高不高于35℃，最低不低于15℃，温度过低或过高都不利于接口愈合，影响嫁接成活率，温度超过32℃，要用草苫、遮阳网等对苗床进行遮阴，最低不能低于20℃，低温期要加强苗床的增温和保温工作；嫁接苗需要保持80%~90%的空气湿度，如果

图4-22　遮阳网降温

湿度达不到，可向苗床补水、保湿；接口基本愈合后，在清晨或傍晚空气湿度较高时开始少量通风换气，以后逐渐延长通风时间并增大通风量，但仍应保持较高的湿度，每天中午喷雾1~2次，直至完全成活。

### （4）愈合后管理

嫁接30天左右即可定植，定植时不可将接口掩埋于土壤中，要让接口距离土壤上面2厘米以上，嫁接的主要目的是防止土传病害对辣椒植株的危害，嫁接苗起抗病作用的是砧木根系，接穗不抗病，若栽植过深，接口掩埋于土壤中，病菌通过接口侵入接穗，同样会使植株感病。因此，嫁接苗定植时，接口一定要露出地面。定植时要浇透底水，定植后3天要注意进行遮阴处理，预防蔫萎。定植4～5天后，要浇透水，使其缓苗。定植前，如果砧木长有侧枝，需除掉，以免它影响主枝的生长。定植后也要勤于检查，发现侧枝及时除掉。但要小心处理，避免伤口侵染病菌。

图 4-23　嫁接苗定植

# （三）高辣辣椒种植管理技术

高辣辣椒根系较普通辣椒根系发达、生长期长、结果数多，种植时以应选择地势高燥、透气性好、排水顺畅、土层深厚、中等以上肥力且前茬未种植过茄科类蔬菜的大田壤土或沙壤土为宜。

高辣辣椒田间
种植技术视频

## 1. 田间定植技术

### （1）起垄

起垄方向宜选择南北向、背风向、顺坡向或顺流水向等。起垄方式可采用小高畦和平畦两种起垄方式，小高畦起垄一般畦带沟宽 120～130 厘米，畦高 25～30 厘米，平畦起垄一般畦带沟宽 130～140 厘米，畦高 20～25 厘米。在小高畦和平畦起垄时，可将垄中间开沟，将基肥均匀地撒施在沟中，畦面可铺银灰色地膜进行保温、保湿、防杂草及蚜虫等。

图 4-24 小高畦起垄

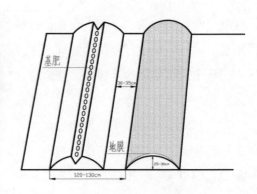

图 4-25 小高畦起垄示意图

图 4-26 平畦起垄

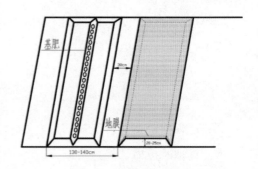

图 4-27 平畦起垄示意图

## （2）定植

### ①定植苗规格

**壮苗标准**：苗 5 ~ 8 片真叶、叶色深绿、茎秆短粗、根系发达、无病虫害危害、无机械损伤。

**②定植时期**：根据不同的海拔地块确定定植时期，一般在 3 月下旬至 4 月下旬，地温稳定在 10℃以上时定植为宜。

**③定植方式**：定植可采用小高畦

图 4-28 定植苗

单行定植和平畦双行定植两种方式。小高畦单行定植采用种植于畦中间，平畦双行种植采用三角形定植方式；定植株距根据品种株幅来定，一般定植株距为该品种株幅，如特色高辣辣椒品种"明椒7号""明椒8号"等株距一般80~100厘米，高辣朝天椒品种"明椒9号""明椒10号"等株距一般40~45厘米。生产上建议采取小高畦单行定植方式。

图4-29　小高畦单行定植

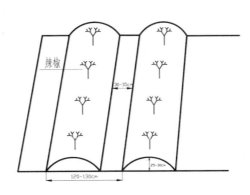

图4-30　小高畦单行定植示意图

图4-31　平畦双行定植

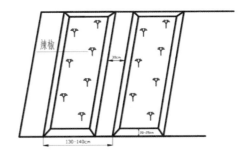

图4-32　平畦双行定植示意图

### （3）整枝与搭架

整枝时，初期摘除第一分叉以下的侧芽，减少养分消耗，后期要摘除下部老叶，提高通风透光效果，减少病虫害发生；当植株长至约50厘米时可搭架绑枝或围绳。

图 4-33　整枝

图 4-34　绑枝

## 2.肥水管理技术

### （1）施肥技术

氮、磷、钾三要素是作物生长的食粮。高辣辣椒生长期长，但根系较普通辣椒发达，根系较深，根量较多，不耐旱也不耐涝，需肥量大，耐肥能力强，属高氮、中磷、高钾型蔬菜。氮供给辣椒全面生长，使用时前期应少施（≤30%），以防旺长，结果期多施（≥70%），促果保增产；磷是长根的主要元素，高辣辣椒根系不发达，对磷的吸收量较多，以早施为好；高辣辣椒以采收老熟果实为主，要重视钾肥的使用，只有施足够量的钾，才能使辣椒秆硬、结果多、椒皮厚、籽多而饱满，干椒比重大，辣椒对钾肥的吸收较慢，要在早期进行一次性施入，钾肥量不足时，可在辣椒生长中后期进行叶面喷施补充。其次还要重视中微量元素的施用，尤其是钙肥，一旦缺乏，果实易发生脐腐病。

①**基肥配施**：移栽前大田施肥以施用商品有机肥为主，化肥为辅，配施生物炭和生物菌肥；深翻土壤，结合整地施足基肥，每亩可施用商品有机肥300～500千克、三元复合肥（N：P：K=10：8：24）40～50千克、生物炭200～300千克和生物菌肥100～150千克。

②**大田追肥**：在移栽后7～10天用浓度为0.2%～0.4%尿素水溶液浇苗；盛花期前根据植株长势，追施1～2次20千克/亩复合肥（N：P：K=21：6：13）；结果期施30千克/亩的复合肥（N：P：K=12：11：18）。采收期视植株长

势情况，每采收 1～2 次追肥 1 次。提倡采用水肥一体化系统，结合浇水追施肥料。

图 4-35　基肥配施

图 4-36　大田追肥

### （2）水分管理技术

①**定植期：**高辣辣椒在定植时，先在畦面上挖小穴，进行带土移栽，栽后填半穴细土，浇足定根水，第 2 天上午复浇水 1 次，最后用细土封满穴。

②**幼苗期至始花坐果期：**移栽后 5～7 天辣椒植株茎叶泛绿，心叶生长，应结合旱情进行浇水，即为缓苗水。门椒开花期，控制水分，防止植株旺长，促进坐果；当田间大部分植株门椒坐果后，结束蹲苗，浇第 2 次水，促果膨大；门椒采收后，进行第 3 次浇水，视天气干湿情况，每 7～10 天浇水 1次，以保持畦面不干为宜。

图 4-37　浇定根水

图 4-38　浇缓苗水

③**盛果期**：高辣辣椒盛果期，正值高温季节、雨量集中，而且蒸发量大。因此，应 5 ~ 7 天浇水 1 次，经常保持畦面为湿润状态，满足果实膨大对水分的需求，浇水宜在早、晚进行；如遇闷热降雨天气，可在雨后浅浇水 1 次，起到降温作用。遇强降雨要做好排水防涝工作，做到雨停田间无积水，积水及时能排出，保证高辣

图 4-39　灌跑马水

辣椒丰产、丰收。如遇极端高温天气，可灌跑马水，辣椒不耐涝，若田间连续积水超过 4 小时，辣椒植株就会萎蔫，要及时将积水排干。

## 3. 草害防控技术

辣椒种植田块边杂草是其杂草的主要来源之一，应及时清除，防止其向种植田内蔓延，以减少草籽传入田间。农家肥中含有大量的杂草种子，在施用前，必须经过高温堆沤发酵处理 2 ~ 3 周。草籽灭活后才能使用。

### （1）合理轮作换茬

合理轮作换茬是防控辣椒种植地杂草的重要措施之一。如采取水旱轮作或高矮秆作物轮作换茬等，均能显著控制和降低杂草的危害。将旱田改为水田后能杀灭绝大多数旱田杂草；一般不同的作物田有不同的杂草种类，利用轮作能减弱杂草对不同作物的适应性。将种过 1 ~ 3 年的田块改为其他竞争力强大的高秆作物（如玉米），能有效地抑制杂草的生长。

### （2）物理防控措施

①**耕作除草**：一是冬前深耕和春后翻耕。冬前深耕可将以地下块茎繁殖的恶性杂草的块茎等翻起，人工捡出或冬季低温冻死，还可将土表的部分杂草种子深埋于土中，使之失去生机。春后翻耕可清除一些已经萌芽生长的杂草，同时可将埋在土中的杂草种子翻至表面，促使其发芽，经过再次翻整后可彻底清除。二是中耕。中耕一方面以消灭杂草，另一方面保持土壤疏松，

图 4-40　翻耕除草

图 4-41　中耕除草

改善土壤物理状况，中耕一般视辣椒长势情况可进行 2～3 次。

②人工除草：人工除草包括手工拔除、刀割、锄、挖。对于畦沟、田周围的杂草不能进行化学除草的，可人工进行农具铲除或挖除，特别是对根系发达、生长较深的恶性杂草手工难以拔除，可借助工具连根清除。如牛筋草等。

③垄面覆盖：高辣辣椒地一般采取高垄种植，对垄面适当进行覆盖可达到事半功倍的除草效果。一是地膜覆盖，若采取银灰色生物降解地膜覆盖，对一年生杂草防除率达 100%，还能够起到保温、保湿、防杂草及蚜虫等作用；二是垄面覆草，出苗封行前可对垄面进行覆草，可覆稻草、秸秆或其他无繁殖力的干草，这样不仅可起到防除杂草的作用，还可起到对辣椒保墒、降温、防病、增肥等多重功效。

图 4-42　人工除草

图 4-43　垄面覆膜

图 4-44　垄面覆草

④**淹水：** 如水源条件充足的地方，可于冬前或春后先将种植辣椒的田块土壤翻耕一遍，然后淹水浸泡 3 ~ 8 周，可杀死大部分旱地一年生或多年生杂草。

图 4-45　淹水除草

### 4. 立体种植技术

以高辣辣椒种植为目标作物，充分利用空间，在辣椒行间或垄上套种玉米、甘薯、花生、芋头、豆类等作物；辣椒间作套种栽培模式已成为高辣辣椒高效增产模式，经济效益可观。

### （1）辣椒套种玉米

辣椒套种玉米，种植玉米主要是实现高矮搭配、相间成行，为辣椒适当遮阴，有利于辣椒植株生长、降低日灼病的发生、抑制蚜虫传播病毒病；同时玉米茎秆可物理支撑辣椒拉枝，玉米植株截头还能促辣椒增产、提质、增效。

①**品种选择：** 高辣辣椒品种可选择株型高大的品种，如高辣特色辣椒品种"明椒 7 号""明椒 8 号"等；玉米品种可选择边行效应明显、茎秆粗壮、抗病性强的高产品种。

②**播种时期：** 在闽西北地区，辣椒 2 月上旬育苗，3 月上中旬移栽，7 ~ 9 月收获；玉米 3 月下旬育苗，4 月上中旬移栽套种，7 月上旬收获。（播种时期仅供参考，不同地区应根据当地气候进行调整）

图 4-46　辣椒套种玉米

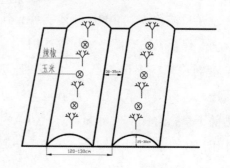

图 4-47　辣椒套种玉米示意图

③**套种方式**：辣椒采用小高畦种植方式，畦带沟宽120～130厘米，畦高25～30厘米，辣椒单行种植，株距80～100厘米（可根据辣椒株幅确定株距），将玉米定植于畦上两株辣椒中间位置。

### （2）辣椒套种甘薯

辣椒套种甘薯，辣椒属浅根高秆作物，而甘薯是一种深根匍匐藤蔓作物，辣椒套种甘薯可充分利用地力和空间；此外，甘薯的茎叶发达，对土壤覆盖度好，除了能抑制杂草生长外，还有利于降低地面的蒸发作用、保持土壤水分，促进辣椒健康生长。

①**品种选择**：辣椒品种可选择株型紧凑的品种，如高辣朝天椒品种"明椒9号""明椒10号"等；甘薯品种可选择短蔓高淀粉品种，如"徐薯22""商薯19"等。

②**播种时期**：在闽西北地区，辣椒2月上旬育苗，3月上中旬育苗，7～10月收获；甘薯5月中旬开始套种甘薯。（播种时期仅供参考，不同地区应根据当地气候进行调整）

③**套种方式**：辣椒采用小高畦种植方式，畦带沟宽120～130厘米，畦高25～30厘米，辣椒单行种植，株距40～45厘米（可根据辣椒株幅确定株距）；甘薯选择4～5节生长健壮、无病虫的甘薯蔓作为种苗，将薯蔓以"S形"的方式定植于畦上两株辣椒中间位置。

图4-48　辣椒套种甘薯

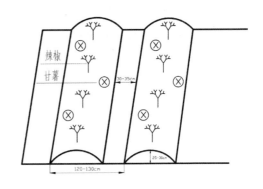

图4-49　辣椒套种甘薯示意图

### （3）辣椒套种花生

辣椒套种花生，花生是匍匐生长，其开花部位低于辣椒开花部位，对辣椒的生长没有影响，且可抑制杂草，其次花生还具有固氮作用，提高地力。

①**品种选择**：辣椒品种可选择株型高大的品种，如高辣特色辣椒品种"明椒7号""明椒8号"等；花生品种可选择株型紧凑、生育期短、结果集中、成熟度一致的早熟品种，如"鲁花9号""徐州64"等。

②**播种时期**：在闽西北地区，辣椒2月上旬育苗，3月上中旬移栽，7～10月收获；花生4月上旬开始播种套种，8月上旬收获。（播种时期仅供参考，不同地区应根据当地气候进行调整）

③**套种方式**：辣椒采用平畦种植方式，畦带沟宽130～140厘米，畦高20～25厘米，辣椒采用单行种植，株距80～100厘米（可根据辣椒株幅确定株距）；辣椒和花生套种采取"三一式"种植方式，即：在畦面上3行花生套种1行辣椒，花生行距30厘米左右，株距20厘米左右。

图 4-50 辣椒套种花生

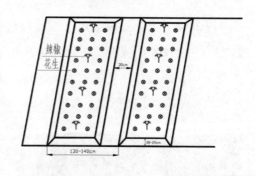

图 4-51 辣椒套种花生示意图

### （4）辣椒套种芋头

辣椒套种芋头，利用芋头前期生长缓慢的特点，在行间空地套种辣椒，待辣椒采摘结束，恰好到芋头膨大期，这种套种方式有利于辣椒和芋头生长发育，又能增加复种指数，提高土地利用率，增加种植效益。

①**品种选择**：辣椒品种可选择早熟、株型紧凑、结果集中的高辣朝天椒品种，如"明椒9号""明椒10号"等；芋头品种可选择抗病性好、成熟度

一致的品种，如"红芽芋""槟榔芋"等。

②**播种时期**：在闽西北地区，辣椒2月上旬育苗，3月上中旬移栽，7~9月收获；芋头2月下旬至3月上旬开始种植，10~12月采收。（播种时期仅供参考，不同地区应根据当地气候进行调整）

③**套种方式**：辣椒采用平畦种植方式，畦带沟宽130~140厘米，畦高20~25厘米，辣椒单行种植，株距40~45厘米（可根据辣椒株幅确定株距）；选择顶芽肥壮、无伤、无病害的种芋头，将种芋头定植于畦上一侧，辣椒定植于另一侧且位于两株芋头之间。

图 4-52　辣椒套种芋头

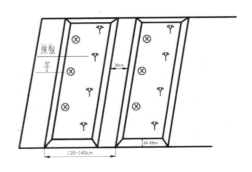

图 4-53　辣椒套种芋头示意图

### 5. 轮作种植技术

在一些高辣辣椒产区，由于土地受限，椒农常年在同一块土地上连作辣椒，连作障碍日趋严重。连作地辣椒，一是极易引起辣椒植株发病，特别是土传病害，如枯萎病等，常常造成辣椒死棵、减产；二是使土壤中辣椒所需的微量元素越来越少，引发辣椒缺素症，造成辣椒植株生长发育受阻，植株矮小、产量降低、品质变差；三是造成土壤板结，破坏土壤结构。因此，辣椒实行轮作十分必要。

### （1）辣椒—水稻轮作栽培

辣椒—水稻轮作栽培是辣椒最理想的轮作方式，这种轮作方式水旱交替，可恶化病虫害生存环境条件，既可减轻辣椒病虫害，又可减轻水稻病害，还可以改善土壤结构。辣椒—水稻轮作栽培模式适宜在低海拔地区实施。

①**品种选择：**高辣辣椒品种应选择早熟、株型紧凑、结果集中的朝天椒品种，如"明椒9号""明椒10号"等；水稻品种应选择生育期短、抗病性好、成熟度一致的品种，如"明1优臻占""甬优1540"等。

②**播种时期：**在闽西北地区，辣椒12月上旬育苗，2月上旬移栽，6月下旬至7月中下旬收获；水稻6月中旬播种，7月中下旬移栽。（播种时期仅供参考，不同地区应根据当地气候进行调整）

图4-54　早季种植辣椒　　　　　图4-55　晚季种植水稻

### （2）辣椒—豆科作物轮作栽培

辣椒—豆科作物轮作栽培适合只能进行旱作的土壤；豆科植物能够根瘤菌固氮，当豆科植物被收割之后，土壤中的氮的含量就会比种植前增多，这有助于下茬辣椒的氮肥供应。

图4-56　早季种植辣椒　　　　　图4-57　晚季种植豇豆

①**品种选择**：辣椒品种应选择早熟、株型紧凑、结果集中的高辣朝天椒品种，如"明椒9号""明椒10号"等；豆科作物品种应选择晚熟大豆、长豇豆、四季豆等品种。

②**播种时期**：在闽西北地区，辣椒12月上旬育苗，2月上旬移栽，6月下旬至7月中下旬收获；豆科作物8月上旬播种，10月上旬开始采收。（播种时期仅供参考，不同地区应根据当地气候进行调整）

# （四）高辣辣椒的采收

## 1. 采收时间

高辣辣椒以采收老熟果为主，在闽西北地区一般于7月中旬至9月中旬集中采收。种植较晚或高海拔地区，高辣辣椒收获期可以推迟，但是在霜冻来临之前必须收获。

## 2. 分批采收

高辣辣椒果实成熟时间不一致，下部椒果已转色，上部还在开花，可分批进行收获。分批摘收不仅可以减少养分消耗，增加产量，而且还可以提前上市，增加收益。

高辣辣椒分批采收一般采收在7月份开始，根据辣椒长势可以判断采收的时间，通常可以采收五茬，分为"门椒"一茬，"对椒"一茬，"四斗门"一茬，"八面风"一茬，"满天星"一茬。

# 五、高辣辣椒病虫害防治技术

高辣辣椒病虫害有效防治是优质、丰产栽培的关键。高辣辣椒病虫害的发生与普通辣椒一样的，椒农在生产过程中必须坚持"以防为主，综合防治"的植保方针，综合防治包括农业防治、物理防治、生物防治和化学防治。通过压低病原基数，除去或减少诱发病害的因素，再辅之以精准、高效、低毒的农药防治，才可取得事半功倍的效果，从根本上改变以往片面依赖农药（尤其是化学合成农药）的怪圈，只有正确地认识辣椒病虫害，才能进一步采取积极有效的措施进行防治。

## （一）辣椒病害的分类

### 1. 生理性病害

由于不适宜的非生物环境因素直接或间接引起的病害，称为生理性病害，生理性病害不具有传染性，又被称为非侵染性病害。生理性病害一般与环境条件和生产管理的关系密切，高辣辣椒一般对不良的外界条件有一定的耐受力，但不能耐受环境的剧烈变化。在生产上，高辣辣椒主要生理性病害有低温障碍、高温障碍、药害和肥害及缺素。

#### （1）低温障碍

辣椒低温障碍包括冷害和冻害。辣椒低于9℃不出苗，生长期间较长时间遭遇0~5℃低温时，就会发生冷害；辣椒生长期间遭遇0℃以下的低温时，就会发生冻害。日光温室反季节栽培，塑棚春提早、秋延晚栽培，露地春茬，都可能发生低温冷害和冻害。

图 5-1　冷害　　　　　　　　　　　　　　　　图 5-2　冻害

表 5-1　冷害和冻害的区别与防治措施

|  | 冷害 | 冻害 |
|---|---|---|
| 生理变化 | 零上低温，没有结冰，会引起生理障碍，水分平衡失调，呼吸大起大落 | 零下低温，辣椒体内发生结冰，受伤会死亡，植株含水量下降，呼吸减弱 |
| 主要症状 | ①辣椒叶尖、叶缘出现水渍状斑块，叶组织变成褐色或深褐色，后呈青枯状；②在持续低温下，辣椒的抵抗力减弱，容易发生低温型的病害或产生花青素，导致落花、落叶和落果 | ①苗床内个别植株受冻；②生长点或子叶节以上3～4片真叶受冻，叶片萎缩或干枯；③苗尚未出土，在地下全部被冻死；④植株生育后期，果实在田间或挂秧保鲜，或者运输期间受冻，开始并不表现症状，当温度上升到0℃以上后，出现水浸状、软化，果皮失水皱缩，果面出现凹陷斑，持续一段时间造成腐烂 |
| 防治措施 | ①加强田间管理，叶面喷施0.2%磷酸二氢钾溶液，来促进根系尽快地恢复和生长，增强植株抗病性；②叶面追肥的同时，还可以喷施含有赤霉素或芸苔素等成分的药物，促进细胞分裂，增强植株的抗逆性 | ①及时摘除幼果，让养分转移到营养生长上，防止由于低温弱光造成植株早衰；②已经受冻害植株，可适当喷施叶面肥，如可用1%白糖加1%米醋溶液喷施；③天气转晴后可适当追施氨基酸等速效肥料，以促进生长 |

## （2）高温障碍

温度过高，太阳直射易灼伤辣椒果实引发辣椒日灼病，严重时辣椒果实会软化腐烂。

**主要症状：**主要发生在果实上，果实被强烈阳光照射后，出现白色圆形或近圆形小斑，经多日阳光晒烤后，果皮变薄，呈白色革质状，日灼斑不断扩大。日灼斑有时破裂，或因腐生病菌感染而长出黑色或粉色霉层，有时软化腐烂。

**防治措施：**可东西向起垄，避免西边地块从早晒到晚；合理密植、早

图5-3 日灼病

种，炎热夏季来临前封垄，通过辣椒叶片遮阴，减少日灼病的发生；喷施钙镁肥可起到一定防护作用。

### （3）药害和肥害

打药后使植株生长不正常或出现生理障碍的伤害叫做药害；因施肥过多造成盐分过高、有机肥未完全腐熟、肥料产生的气体过多等因素对植株造成的伤害叫做肥害。

表5-2 药害和肥害的区别与防治方法

| | 药害 | | 肥害 |
|---|---|---|---|
| | 急性药害 | 慢性药害 | |
| 主要症状 | 在喷药后几小时至3～4天出现明显症状，如烧伤、凋萎、落叶、落花、落果<br><br>叶面出现大小、形状不等、五颜六色的斑点，局部组织焦枯、穿孔或叶片脱落，或叶片黄化、褪绿或变厚 | 在喷药后经过较长时间才发生明显反应，如生长不良、叶片畸形、晚熟等 | ①叶缘变黄褐色或干边，叶面发生皱缩；②严重时心叶枯黄萎缩，叶缘大片枯干，叶面出现褐色斑，最后全叶枯干死亡；③一般心叶容易受害，下部老叶一般受害较轻 |
| 防治方法 | ①叶面喷施甲壳素、芸苔素、核苷酸等调理剂混掺氨基酸叶面来解害，5～7天一遍，连续2遍；②如果土壤湿度允许，可以结合浇水缓解危害 | | ①叶面施肥不当发生肥害时，立即用清水冲洗叶面多余肥料，并增加叶片的含水量，缓解受害的程度；②土壤含水量不足时，要进行浇水，增加植株体内的含水量，降低茎叶中的肥液浓度；③如果肥害发生时苗床内的光照过强、温度过高，还应对苗床进行遮阴降温，减少叶片水分蒸发量 |

图 5-4  辣椒药害（除草剂）

图 5-5  辣椒肥害（叶面肥）

## （4）缺素

缺素是指植株在生长过程中因缺乏某种营养元素而导致的一些生长异常的症状。辣椒在生长过程中缺乏任何一种营养元素都会出现生理代谢上的障碍，使根、茎、叶、花和果实在外形上表现出一定的症状。

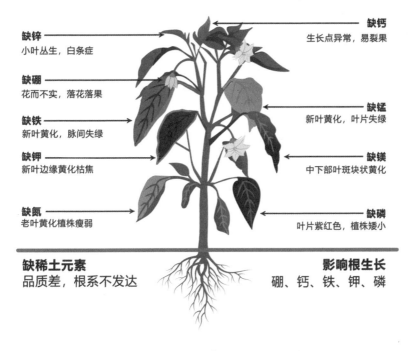

图 5-6  辣椒缺素症综合示意图

表 5-3 辣椒缺素症状、易发条件及对策（大量营养元素）

| 缺素类型 | 症状 | 易发条件 | 对策 |
|---|---|---|---|
| 氮 | ①植株发育不良，叶片黄化，黄化从叶脉间扩展到全叶，整个植株较矮小；②生长初期缺氮，植株基本上会停止生长，严重时会出现落花落果，根系最初比正常根系色白而细长，但数量少；③后期根系停止伸长生长，呈现褐色，茎细，多木质，分枝少；④植株缺氮，通常从老叶开始，逐渐扩展到上部叶片 | ①前茬施有机肥和氮肥少，土壤中氮素含量低的情况下易发生；②降雨多，氮素淋溶多时易发生；③沙土、沙壤土的阳离子代换量小，这种土壤容易发生 | ①施用氮肥，温度低时施用硝态氮肥效果好；②施入腐熟堆肥或有机肥 |
| 磷 | ①生长初期生长缓慢，颜色暗绿，不会出现黄化现象；②生长到中后期，缺磷表现为叶色浓绿，表面不平整，植株下部叶片的叶脉发红，容易形成短柱花，结果晚、果实小、成熟晚、产量低；③有时果实上会出现紫斑 | ①火山灰土壤易发生，土壤pH低，土壤紧实情况下易发生缺磷症；②低温会严重影响磷的吸收，故温度低时也会缺磷 | ①缺磷土壤施用磷肥既有肥效又有改良土壤作用；②在育苗期更要注意施足磷肥 |
| 钾 | ①生长初期叶片失绿并且从叶缘开始发生，随后向内扩展；②在生育旺盛期，靠近中部叶的叶尖端开始变淡黄绿色，严重时植株下部叶片变黄枯死，大量落叶，果实畸形，膨大受阻，坐果率低，产量下降 | ①土壤中钾含量低，特别是沙土易缺钾；②在生育盛期，果实发育需钾多，此时如果供钾不充足就容易发生缺钾症状；③当使用石灰肥料多时，影响了植株对钾的吸收，也易发生缺钾；④光照不足、地温低时，辣椒对钾吸收减弱，容易发生缺钾；⑤土壤中含有钾的有机物及钾肥施用得少 | ①充足供应钾肥，特别在生育中后期更不能缺少钾肥；②多施用腐熟堆肥或有机肥 |

表 5-4　辣椒缺素症状、易发条件及对策（中量元素）

| 缺素类型 | 症状 | 易发条件 | 对策 |
|---|---|---|---|
| 钙 | ①首先出现在幼嫩组织，如幼叶，生长点等；②花期缺钙时，株型矮小，新叶生长严重受阻，顶端生长十分缓慢，顶芽枯萎，但下部仍保持绿色；③后期缺钙时，叶片上出现黄白色圆形小斑，边缘褐色，叶片从上向下脱落，落光，果实小且黄或产生脐腐病 | ①施用氨肥、钾肥过量会阻碍对钙的吸收和利用；②土壤干燥、土壤溶液浓度高，也会阻碍对钙的吸收；③空气湿度小、蒸发快，补水不及时，会发生缺钙 | ①多施些有机肥，使钙处于容易被吸收的状态；②进行土壤诊断，若是缺钙，酸性土壤可施用碱性土壤调理剂，碱性土壤可底肥补充过磷酸钙；③实行深耕，多灌水；④出现缺钙症状时，可叶面喷洒1%过磷酸钙或0.1%硝酸钙水溶液，每5～10天1次，连续2～3次 |
| 镁 | ①在辣椒果实开始膨大时，靠近果实的叶片的叶脉间开始黄化，随后向叶缘、叶肉发展，但也有叶缘呈绿色，而叶肉黄化；②在生长的后期，除叶脉残留绿色外，叶脉间均变黄；③严重时，果实以下叶片全部黄化、变褐甚至坏死脱落 | ①低温会影响根系对镁的吸收；②土壤中镁含量虽然多，但由于施钾过多会影响辣椒对镁的吸收；③土壤偏酸性时也容易引起缺镁 | ①提高地温和施用腐熟的有机肥；②测定土壤，土壤中镁不足时要补充镁肥；③出现缺镁症状时，可叶面喷施 0.2%～0.3%硫酸镁水溶液，2周内喷3～5次 |
| 硫 | ①初期幼叶黄化，叶脉先褪绿，然后遍及全叶；②严重时，植株老叶变为黄白色，但叶肉仍为绿色；③辣椒缺硫导致植株茎细小，根稀疏，支根少，开花结果期延迟，果实减少 | ①质地粗糙的沙质土壤，板结、酸化的土壤；②土壤在雨水冲刷下，大量养分流失，土壤有效硫含量低；③长期连续施用无硫酸根肥料时易发生 | ①基肥施用腐熟的有机肥，每亩加入硫酸钾或硫酸铵 2～4千克与有机肥一起埋入土层中；②出现缺硫症状时，可叶面喷洒 0.3%的硫酸锌、硫酸锰或硫酸铜等溶液，每隔5～7天喷一次，连续喷2～3次 |

表 5-5  辣椒缺素症状、易发条件及对策（微量元素）

| 缺素类型 | 症状 | 易发条件 | 对策 |
|---|---|---|---|
| 硼 | ①生长点附近的叶色变黄；②心叶生长慢，植株呈萎缩状态，叶柄和叶脉硬化易折断；③上部叶片扭曲畸形，茎内侧有褐色木栓状龟裂④根木质部变黑腐烂，根系生长差，花期延迟，并造成花而不实；⑤花蕾易脱落，影响产量；⑥果实表面有木栓化龟裂，易出根毛 | ①酸性沙质土壤，施用过量石灰，易引起缺硼；②碱性土壤中，有机肥施用量少，也易出现缺硼的现象；③土壤干旱会影响植株对硼的吸收；④施用钾肥过量时，也易出现缺硼现象 | ①使用土壤调节剂对酸化或碱化土壤进行改良；②辣椒可选择与葱蒜类、豆类、叶菜类、根菜类等蔬菜进行轮作；③花期现蕾时补硼或出现缺硼症状，可叶面喷施流体硼800~1000倍，每隔7~10天一次，连续喷2~3次 |
| 锌 | ①顶端生长缓慢，发生顶枯，植株矮小，顶部小叶丛生，叶畸形细小，叶片卷曲或皱缩，有褐变条斑；②从中部叶片开始褪色，与健康叶片比较，叶脉清晰可见，随着叶间逐渐褪色，叶缘从黄化到变成褐色，因叶缘枯死，叶片向外侧稍微卷曲或皱缩，生长点附近的节间缩短 | ①光照过强易发生缺锌；②若吸收磷过多，植株即使吸收了锌，也表现缺锌症状；③土壤 pH 高，即使土壤中有足够的锌，但其不溶解，也不能被植株所吸收利用 | ①不要过量施用磷肥；②缺锌时可以施用硫酸锌，每亩用 1.5 千克；③出现缺锌症状时，可叶面喷施流体锌0.1%~0.2%水溶液 |
| 钼 | 首先出现在老叶上，新叶出现症状较迟。缺钼叶片叶脉间失绿、变黄，易出现斑点，叶缘向上卷曲呈杯状。叶肉脱落残缺或发育不全。缺钼症状与缺氮很像，但缺钼出现斑点 | ①施用硝态氮过多时，容易发生；②酸性土壤容易发生，中性和碱性土壤不易发生 | 在辣椒生长期或发现植株缺钼时，可叶面喷施0.01%~0.1%的钼酸铵溶液 |
| 铁 | ①顶端新叶、幼叶呈黄化、白化，叶脉残留绿色，以后整叶完全失绿；②新叶除叶脉外都变成淡绿色，在腋芽上也长出叶脉间淡绿色的叶；③下部叶片发生少 | ①pH 很高时易发生缺铁；②土壤磷用量过多，影响了铁的吸收，也容易发生缺铁；③当土壤过干、过湿、低温时，根的活力受到影响也会发生缺铁；④铜、锰太多时容易与铁产生拮抗作用，从而出现缺铁症状 | ①当 pH 达到 6.5~6.7 时，就要禁止使用石灰而改用生理酸性肥料；②不要过量施用磷肥；③出现缺铁症状，可用浓度为0.1%~0.5%硫酸亚铁水溶液2~3次 |

续表

| 缺素类型 | 症状 | 易发条件 | 对策 |
|---|---|---|---|
| 锰 | ①植株矮小，呈失绿病态，一般新叶开始出现病状，叶肉失绿，叶脉仍为绿色，呈现绿色网状；②严重时，褪绿部分呈黄褐色或赤褐色斑点，有时叶片发皱、卷曲甚至凋萎 | ①土壤偏碱，pH值偏高；②土壤有机质偏高，地下水位较浅；③沙质易淋溶土壤；④低温弱光条件会抑制辣椒对锰的吸收 | ①基肥可配施每亩10千克四水硫酸锰；②叶片喷施四水硫酸锰500～1000倍液；③出现缺锰症状时，可叶片喷施络合锰，高温季节喷施1000倍液，寒冬季节喷施500倍液 |
| 铜 | ①植株纤细、矮小，木质部纤维和表皮细胞壁木质化及加厚程度减弱；②幼叶褪绿、坏死、畸形及叶尖枯死，顶生分生组织坏死，叶呈罩盖状上卷 | 在黏重和富含有机质的土壤上，很容易发生缺铜现象。 | 出现缺铜症状，可叶面喷施0.02%～0.04%的硫酸铜溶液（可加0.15%～0.25%的熟石灰，防止药害） |

### 2. 病原性病害

由于有害微生物的侵染而引起的病害，称为病原性病害或侵染性病害。根据侵染源的不同，又可分为真菌性病害、细菌性病害、病毒等多种类型。

#### （1）真菌性病害

真菌是真核生物，有固定的细胞核；无根、茎、叶的分化，没有叶绿素，营养方式为异养；典型的营养体为菌丝体；繁殖体是产生各种类型的孢子。植物病原真菌有8000种以上。真菌可引起3万余种植物病害，占植物病害总数的80%，属第一大病原物。

真菌性病害的主要特征是其病斑较大，病斑形状有圆形、椭圆形、多角形、轮纹形或不定形，病斑上一定有不同颜色的霉状物或粉状物，颜色一般有白、黑、红、灰、褐等。植物病原真菌在潮湿的条件下侵染植株时，病害植株体会有菌丝或白色絮状物产生，通常植株无异味产生。

#### （2）细菌性病害

细菌类病害是由细菌侵染植株所致的病害，发病后期遇潮湿天气，在病害部位溢出细菌黏液，是细菌病害的主要特征。如软腐病、溃疡病、青枯病等。细菌能借助水媒介传播，在病残体中过冬，在高温、高湿条件下根茎叶易腐烂并伴有异味产生。

表5-6　真菌性病害和细菌性病害的区别

| 类型 | 病状 | 病症 | 主要病害 |
|------|------|------|----------|
| 真菌性病害 | 黄叶、烂叶、坏死、萎蔫等 | 灰霉、白粉、黑粉、锈粉、根腐等 | 霜霉病、炭疽病、叶斑病、枯萎病、根腐病、立枯病、猝倒病、白粉病、锈病、稻瘟病、纹枯病、疫病、灰霉病、黄萎病、菌核病等 |
| 细菌性病害 | 黄叶、烂叶、斑点、萎蔫等 | 腐烂、臭味、菌脓、瘤肿等 | 细菌性叶斑病、青枯病、软腐病、疮痂病等 |

### （3）病毒

病毒病主要特征是组织系统变色、变形、坏死，全株矮化、丛生，失色斑块出现、叶脉明显、叶片变小、叶面皱缩。病毒性病害种类虽然很少，但危害程度却很大，是一类易得难治的疾病。病症主要表现在新鲜的嫩叶上，花叶病毒会使嫩叶皱缩，叶面黄绿色相间分布，金黄色部分凹陷，深绿色易凸出。厥叶型病毒的叶片细长，叶脉上冲呈线状。卷叶型病毒会造成病害植株的叶片扭曲卷曲。条斑型病毒出在青熟果实上，渐变铁锈色，不易着色，果实皮里肉外有褐色条纹，辣椒果尖端向上变黄色，在变黄部位出现短的褐色条纹。

**花叶：** 叶片失去正常的均匀颜色，出现黄绿相间，深浅相同的不规则形斑点或斑块。

**明脉：** 叶面变为水渍状、半透明、规则"明脉"。

**畸形：** 果实或叶片失去正常形状，出现卷叶、皱叶、萎缩、丛枝、丛生、矮化、黄化和缩顶，以及其他各种类型的畸形。

**坏死：** 果实、茎、叶柄、叶身及叶脉出现组织坏死。果实变色、果肉变硬，并伴有黄叶。

**蕨叶、线叶：** 叶片变形，叶肉残缺，中脉两侧失去对称，甚至只有叶脉没有叶肉。

表 5-7　生理性病害和病原性病害的区别

| 类型 | 发病方式 | 发病规模 | 发病部位 | 症状 | 主要类型 |
|------|---------|---------|---------|------|---------|
| 生理性病害 | 病害田间分布较均匀，发病程度可由轻到重，但没有由点到面的过程，即没有发病中心 | 一般表现为较大面积同时发生，发病时间短 | 发病部位在植株上分布比较一致，有些表现在上部或下部叶片，有些表现在叶缘，有些在花、嫩枝、生长点等器官，有些表现在向阳或迎风的部位 | 症状表现没有病症，病斑不规则；在适当的条件下，有的病状可以恢复 | 主要有缺素、药害、肥害、冻害、低温冷害、高温障碍、连作障碍、强光灼伤等 |
| 病原性病害 | 病害田间分布较分散，不均匀，有由点到面、由少到多、由轻到重的发展过程 | 一般不表现大面积同时发生，不同地区、田块发生时间不一致 | 发病部位（病斑）在植株上分布比较随机 | 症状表现多数有明显病征，多数病害的病斑有一定形状、大小；一旦发病后多数症状难以恢复 | 主要由真菌性病害、细菌性病害、病毒性病害、线虫性病害、寄生性种子植物病害等多种类型 |

# （二）辣椒虫害的分类

辣椒虫害按照口器的不同，可以分为：钻蛀害虫类、刺吸害虫类、食叶害虫类、地下害虫类及根结线虫等。

## 1. 钻蛀害虫类

此类害虫钻蛀在辣椒叶片、茎秆和果实里面蛀食危害。钻入叶片危害，叶片可见钻蛀的隧道，造成叶片干枯死亡；或将茎、枝蛀空，使植株死亡；或钻蛀果实，造成果实脱落、腐烂，无商品性。如菜螟、豆荚螟、烟青虫、棉铃虫、斑潜蝇等。

## 2. 刺吸害虫类

此类害虫口器如针管，为刺吸式，可刺进辣椒组织（叶片或嫩尖），吸食辣椒组织的汁液，破坏叶片组织，影响叶片光合作用，致使叶片干枯、脱落，受害叶片表现失绿，变为白色或褐色。刺吸害虫还可传播病毒病。

这类害虫个体较小，种类繁多，有时不易发现。常见的有蚜虫类、粉虱类、蓟马类、叶螨类等，多集中在寄生的叶背和嫩枝为害。

### 3. 食叶害虫类

此类害虫的口器是咀嚼式的,为害时大口蚕食辣椒叶片,造成叶片缺刻破损或孔洞,严重时叶片可被全部吃光。常见的害虫有斜纹夜蛾、甜菜夜蛾、甘蓝夜蛾、菜蛾、菜粉蝶、黄曲条跳甲、黄守瓜等,它们咬食叶片和嫩芽。

### 4. 地下害虫类

此类害虫多为咀嚼式口器,但因为害场所特殊,在土壤的浅层和表层,所以归到一类,统称为地下害虫。主要危害辣椒根系和茎基部,使辣椒植株的营养运输受到抑制,常造成植株萎蔫或死亡,如蝼蛄、蛴螬等。

### 5. 根结线虫

此类害虫主要为害辣椒的根部,表现为侧根和须根较正常增多,并在幼根的须根上形成球形或圆锥形大小不等的白色根瘤,有的呈念珠状。被害株地上部生长矮小、缓慢、叶色异常,结果少,产量低,甚至造成植株提早死亡。

## (三)辣椒苗期主要病害及防治措施

苗期是高辣辣椒生长过程中的重要时期,是决定高辣辣椒高产的基础。苗期要求病害少,培养的辣椒苗健壮,为以后的生产打下牢固基础。

### 1. 辣椒苗期病害预防措施

#### (1)苗床处理

应避开连作地,选择地势高、阳光足、排灌好的地块,深翻暴晒后用药土育苗,苗床可用50%多菌灵可湿性粉剂10克/米$^2$,拌营养土12~15千克,播前浇透底水,取1/3药土均匀撒在厢面上,播种后再把剩下的2/3药土覆盖其上;或用拌种法,种子晒后用2.5%适乐时(咯菌腈)悬浮种衣剂拌种;或用30%甲霜·噁霉灵1500倍液喷洒苗床,出苗后用喷雾器再喷施1~2次,噁霉灵还具有促进根系生长作用;也可用营养钵育苗,减少移植时的根系损伤。

**（2）苗期管理**

出齐苗后，保持苗床光照充足，防止湿度过大，注意通风，及时间苗。

**（3）培育壮苗**

3片真叶期用43%戊唑醇悬浮剂3000倍液喷施，矮化处理，6片真叶期可加强一次，剂量加倍。戊唑醇同时可防半知菌病害，如炭疽病。

## 2.辣椒苗期主要病害及防治方法

**（1）猝倒病**

辣椒猝倒病属于真菌性病害，主要发生在幼苗2片真叶期之前，在低温高湿的环境下易发。

**病症特点**：幼苗出土前感染导致烂种、烂芽，幼苗发病初期茎基部出现水渍状淡绿色病斑，随即变黄、凹陷，缢缩成线状，病程发展很快，叶子青绿未凋萎即猝倒，用手轻提易断。发病后迅速传播，成片幼苗倒伏死亡。湿度大时，病部可长出白色毛状霉。

图5-7 猝倒病

**防治方法**：①苗床避免使用带菌土壤，可用64%杀毒矾（噁霉灵＋代森锰锌）500倍液进行苗床消毒。②保证充足光照，作好苗床的通风透气工作。③出现病株及时拔除销毁，及早进行防治。④发病初期，可用10%氰霜唑1200倍液或72.2%普力克（霜霉威）600倍液喷施。

**（2）立枯病**

辣椒立枯病属于真菌性病害，在幼苗、田间定植的大苗、成株期均可发病，主要发生在育苗中后期。

**病症特点**：发病初期茎基部有椭圆形暗褐色病斑，叶片白天萎蔫，夜晚恢复；随病情发展，病斑逐渐凹陷，扩大后绕茎1周,病苗枯死，病茎萎缩变细，湿度大时,病部产生褐色丝状霉。由于中后期幼苗茎部木质化程度较高，幼苗枯死后仍然站立不倒伏。站立枯死和褐色丝霉是本病特征症状。

**防治方法：**①控制土壤和空气湿度，注意苗床通风，及时间苗，保证充足光照。②出现病株及时拔除销毁，及早进行防治。③发病初期可用50%异菌脲可湿性粉剂1000～1500倍液或30%噁霉灵水剂1000倍液喷施。

图5-8　立枯病

表5-8　猝倒病和立枯病类症鉴别

| 类型 | 相似点 | 区别 |
|---|---|---|
| 猝倒病 | 两者都是苗期主要病害，症状有点相似，茎基部都会变褐，出现缢缩，高湿（雨水、浇水）、密度过大都易发生 | 猝倒病是低等真菌腐霉引起，主要发生在育苗前期，在2片真叶之前，发病快，常整片倒伏，倒伏时病苗叶片大多保持青绿，茎基部常缢缩成线状，轻提即断，湿度大时病部有白色毛状霉，治疗可用针对低等真菌的药物 |
| 立枯病 |  | 立枯病是高等真菌立枯丝核菌引起，主要发生在育苗中后期，枯而不倒，湿度大时病部有淡褐色丝状霉，治疗可用针对高等真菌的药物 |

# （四）辣椒定植后主要病害及防治措施

## 1.辣椒定植后病害预防措施

不可大水漫灌，防止疫病、青枯病等病害迅速蔓延；露地暴雨骤晴，注意预防用药；既要防止高温高湿引起大多数病害发生，又要防高温干旱导致病毒病、白粉病高发，可小水勤浇，控制温湿度。

高垄覆盖银灰膜种植，可减少土传病害的传播，还可防蚜、防杂草。

## 2.辣椒定植后主要病害及防治方法

### （1）霜霉病

辣椒霜霉病属于真菌性病害，主要为害叶片，也能为害叶柄及嫩茎。病斑浅绿色，不规则，叶背有白色霉层，较稀疏，严重时叶面大部分面积覆盖一层薄霉。

**病害特点：**叶片发病时，初期叶片正面病斑呈浅绿色或黄色，无白霉。危害严重时，叶片背面有稀疏的白色薄霉层，有白霜，呈多角形病斑，受叶脉限制，病叶变脆变厚，并上卷，在叶柄处染病呈褐色水浸状，后期病叶易脱落。叶柄、嫩茎发病时，病斑呈褐色水浸状，病部也出现白色稀疏的霉层。

图 5-9　霜霉病

**发病原因：**阴雨天气、昼夜温差大、结露时间长、浇水过多、雨后排水不及时、保护地通风排湿不良等情况易于发病。

**防治要点：**可用 75％百菌清可湿性粉剂 600 倍液进行预防；发病初期可用 68％精甲霜灵·锰锌水分散粒剂 500 倍液防治；发病期可用 687.5 克/升氟菌·霜霉威悬浮剂 800 倍液喷施治疗。

### （2）疫病

辣椒疫病属于真菌性病害，又称黑杆病，是由辣椒疫霉菌侵染所引起，是一种重要的土传病害，在苗期和成株期均可发生，以成株期发病为主，病菌可侵染根、茎、叶、果。病程短、流行快，是一种毁灭性病害，严重时绝收。

图 5-10　疫病

**病症特点：**①苗期发病，茎基部水浸状暗绿色斑点，扩大后变褐色，倒伏或枯萎。②成株期现蕾挂果后即进入易感期，发病后常叶、花、果三稀，叶片出现不规则暗绿色水渍状病斑，边缘黄绿色，迅速扩大，叶片腐烂落叶。③茎基部和茎节分权处暗绿色水渍状病斑，后扩大为暗褐色条斑，绕茎一周，病部以上茎叶枯萎；果实暗绿色水渍状软腐，迅速扩展腐烂，湿度大时，病部可见白色粉状霉。④辣椒果子成熟期，疫病较少发生。

**发病原因：**高温高湿易发，花期温度进入高温期（＞30℃），疫病高发。中心病株出现后迅速蔓延，露地暴雨骤晴易爆发。

**防治方法：**①种子可用2.5%咯菌腈悬浮种衣剂拌种处理。②移植时可用25%甲霜灵可湿性粉剂500倍液蘸根处理。③移栽后可用50%氟啶胺悬浮剂2000倍液喷施预防。④发病初期可用687.5克/升氟菌·霜霉威悬浮剂800倍液＋氟啶胺喷施治疗，还可用烯酰吗啉、氟吗啉等农药进行防治。

**注意：**氟啶胺抗菌谱广，对高等真菌、低等真菌都有效，但高温不能用药，不能和乳油复配，苗期慎用，否则易出现药害。

### （3）早疫病

辣椒早疫病属于真菌性病害，主要危害叶片和果实。

**病症特点：**苗期多在3～5叶期发病，形成无顶苗。成株期发病后叶片出现圆形或近圆形病斑，一般有同心轮纹，中央颜色较浅，多为浅褐色，边缘颜色较深，周围常具黄色晕圈；茎部被害，多在分枝处发生；果

图5-11 早疫病

实发病出现圆形凹陷病斑，后期病斑上出现黑色霉层。

**发病原因：**植株生长差，田间排水不良，通风不良，湿度大易发病，高温高湿的条件下病情加重。

**防治要点：**可用50%多菌灵可湿性粉剂500倍液喷施预防；发病初期用68.75%噁酮·锰锌水分散性粒剂600倍液喷施治疗。

### （4）炭疽病

辣椒炭疽病属于真菌性病害，又称轮纹病、轮斑病、花皮病，是辣椒的一种主要土传病害，在辣椒生长中、后期多发，以侵害果实为主，叶片发病较轻，引起烂果、落叶；苗期也可发生，引起烂种死苗。辣椒炭疽病主要有

黑色炭疽病和红色炭疽病。

**发病原因：**辣椒炭疽病在高温、高湿的情况下易发生。如平均气温在 26 ~ 28℃，空气相对湿度大于 95% 时，最适宜发病和侵染，空气相对湿度在 70% 以下时，不易发病。地势低洼、土质黏重、排水不良、种植过密通透性差、施肥不足或氮肥过多、管理粗放、果实受烈日暴晒等情况，都易诱发炭疽病。

图 5-12　炭疽病

**病症特点：**①叶片染病多发生在老熟叶片上，产生近圆形的褐色病斑，亦产生轮状排列的黑色小粒点，严重时可引致落叶。②茎和果梗染病，出现不规则短条形凹陷的褐色病斑，干燥时表皮易破裂。③果实染病，先出现湿润状、褐色椭圆形或不规则形病斑，稍凹陷，斑面出现明显环纹状的橙红色小粒点，后转变为黑色小点。

**防治方法：**可用 75% 百菌清可湿性粉剂 500 倍液喷施预防；发病初期可用 43% 氟菌·肟菌脂悬浮剂 1500 ~ 2000 倍液喷施。

### （5）白绢病

辣椒白绢病属于真菌性病害，是由齐整小核菌侵染所引起的，主要为害茎基部和根部。

**病症特点：**茎基部和根部生出白色绢状菌丝体，辐射状延伸，后生出白色小菌核，病部以上叶片萎蔫，最后枯死。

**发病条件：**土壤中性偏酸、缺乏有机质的情况下易于发病，在高温多雨、土壤潮湿的情况下发病加重。

**防治要点：**①发现病株及时拔

图 5-13　白绢病

除，穴内生石灰消毒。②发病初期可用25%啶菌恶唑乳油750倍液或50%异菌·腐霉利悬浮剂1000倍液病部喷施，或15%三唑酮可溶性粉剂1份拌100 ~ 200份细土，撒在根茎周围进行治疗。

### （6）菌核病

辣椒菌核病属于真菌性病害，主要为害幼苗、茎部、叶片和果实等。冬春大棚发病严重，苗期和成株期均可发病，白色絮状霉层，成株分权处内有白色或黑色鼠粪状菌核。

**病害特点：**苗期主要发生在茎基部，病斑呈水渍状，以后变浅褐色，环茎一周，湿度大时发病部位易腐

图 5-14　菌核病

烂，无臭味，干燥条件下病部呈灰白色，病苗立枯而死。成株期主要发生在主茎或侧枝的分权处，病斑环绕分权处，表皮呈灰白色，从发病分权处向上的叶片青萎，剥开分权处，内部往往有鼠粪状的小菌核；果实染病，从脐部开始呈水渍状湿腐，而后逐步向果蒂扩展至整果腐烂，湿度大时果表长出白色菌丝团。

**发病原因：**温度在20℃左右、湿度在85%以上的环境条件下，易于发病；在早春和晚秋多雨季节，易引起病害流行。

**防治要点：**发病初期可用40%菌核净可湿性粉剂1000 ~ 2000倍液或30%啶酰·咯菌腈1000倍液喷施治疗。

### （7）灰霉病

辣椒灰霉病属于真菌性病害，危害整个生育期，主要危害叶片、茎秆、花、果实。

**病害特点：**幼苗发病，子叶腐烂，幼苗茎基部缢缩倒折死亡。花器染病，从花瓣褐色小斑点蔓延至整个花器，病害花瓣脱落触碰叶片，可传染至叶片，从叶尖或叶缘发病，叶片倒V形灰褐色腐烂。茎部水浸状病斑，褐色，病斑绕茎一周，病部以上枝叶萎蔫。病果水浸状褐色病斑，凹陷腐烂，有不规则

轮状灰色霉层。

**发病原因：**种植过密，生长过旺，通风透光差，氮肥施用过多，与生菜、芹菜、草莓等易发灰霉病的作物接茬的田块易染病；特别是保护地春季阴雨连绵、气温低、关棚时间长、棚内湿度高、通风换气不良，极易引发病害。

图 5-15　灰霉病

**防治方法：**可用 50%异菌脲可湿性粉剂 800 ~ 1200 倍液喷施预防；发病初期可用 50%啶酰菌胺水剂 1000 ~ 1500 倍液，或 40%嘧霉胺悬浮剂 800 倍液均匀喷雾治疗。

### （8）根腐病

辣椒根腐病属于真菌性病害，该病会造成根部腐烂，吸收水分和养分的能力逐渐减弱，最后整株死亡。多雨季节发病重，定植后至采果盛期多发。

**病症特点：**发病初期白天叶片萎蔫，夜晚恢复，反复数日后全株萎蔫枯死，根部和茎基部皮层褐腐，易剥落，维管束变褐，木质部颜色变深。

图 5-16　根腐病

**发病原因：**辣椒常年连作重茬，土壤中病菌不断积累；白天温度高、晚上温度低，空气湿度较大的情况下易发病；低垄栽培、种植密度大、田间易积水；有机肥未充分腐熟，氮肥施用量过大，磷钾肥或其他微量元素不足。

**防治要点：**①每平方米苗床用 50%甲基硫菌灵 10 克或 50%多菌灵可湿性粉剂 10 克，拌营养土 12 ~ 15 千克，播前浇透底水，取 1/3 药土均匀撒在厢面上，播种后再把剩下的 2/3 药土覆盖种子之上进行预防。②发病初期可用 30%甲霜·噁霉灵水剂 2000 倍液灌根。

表 5-9　青枯病与根腐病区别

| 名称 | 病害类型 | 相同点 | 不同点 |
|---|---|---|---|
| 青枯病 | 细菌性病害 | 维管束变褐，白天萎蔫，夜晚恢复 | 切取小段病茎，于清水中静置，有白色菌脓流出，清水变浑浊 |
| 根腐病 | 真菌性病害 | | 无白色菌脓 |

### （9）枯萎病

辣椒枯萎病属于真菌性病害，主要在幼苗期或开花结果期发生，为害根部或根颈处，病程长，发病后 15 天可出现死株。

**病症特点：** 近地茎基部皮层水浸状腐烂，地上部茎叶凋萎。有时仅在茎的一侧发病，病程较慢，2 周后全株变黄枯死，大量叶片由下向上脱落。根系水浸状软腐，维管束变为褐色。湿度大时，白色或蓝绿色霉状物。根系发病呈水浸状软腐。剖开根茎部变褐，皮层易脱落，木质部暗褐色。

图 5-17　枯萎病

**发病原因：** 在高温高湿的环境下易于发病；夏季阴雨天或雨后晴天发病迅速。在土壤潮湿、黏重、微酸、排水不良、多年连作、偏施氮肥等情况下易于发病；土壤中根结线虫为害严重时，易加剧病害的发展。

**防治要点：** ①预防以土壤消毒为主，可用 50% 氯溴异氰尿酸可溶粉剂进行土壤处理。②发病后难于防治，发现病株，及时拔除，病穴消毒。

### （10）黄萎病

辣椒黄萎病属于真菌性病害，是一种典型的系统侵染性土传病害，多发生在生长中后期，持续低温（＜15℃）易发病。

**病症特点：** 近地叶片下垂，叶缘或叶尖逐渐变黄，发干或变褐，脉间的叶肉组织变黄，茎基部导管变褐，且沿主茎向上扩展达到数个侧枝，最后全株萎蔫、叶片枯死脱落。

**发病原因：** 田块间连作地、地势低洼、排水不良的田块易于发病；施用未腐熟有机肥，定植过早，栽苗带土少，伤根多等田块发病加重。多雨或梅雨期间的季节易于发病。

**防治要点：** ①苗床可用70％甲基硫菌灵可湿性粉剂600～700倍液消毒。②发病初期可用15％噁霉灵水剂1000倍液灌根，同时发现病株及时拔除销毁，并进行土壤消毒。

图5-18　黄萎病

## （11）污霉病

辣椒污霉病属于真菌性病害，又称辣椒煤污病。主要为害叶片、叶柄及果实。叶片染病叶面初生污褐色圆形至不规则形霉点，后形成煤烟状物，可布满叶面、叶柄及果面，严重时几乎看不见绿色叶片及果实，到处布满黑色霉层，影响光合作用。致病叶提早枯黄或脱落，果实提前成熟但不脱落。

图5-19　污霉病

**病害特点：** 叶片、叶柄及果实黑色霉层，可借粉虱、蚜虫等在叶片、果实蜜露上传播。

**发病原因：** 地势低洼、排水不良、连作田块易于发病，在湿度过高、粉虱多、管理粗放的情况下发病加重。

**防治要点：** ①先防粉虱、蚜虫，可用22％联苯·噻虫嗪悬浮剂1500倍液喷施预防。②发病初期可用50％甲基硫菌灵可湿性粉剂500倍液或25％咪鲜胺乳油1000倍液喷施治疗。

### （12）叶枯病

辣椒叶枯病属于真菌性病害，又称灰斑病。主要为害叶片，有时为害叶柄及茎，在苗期、成株期均可发生。叶片发病初期，呈散生褐色小点，迅速扩大为圆形或不规则形病斑，中部灰白色，边缘暗褐色，直径2～10毫米不等，病斑中央坏死，易穿孔，病叶易脱落。

图 5-20　叶枯病

**病害特点：**植株自下而上出现病叶，发病初期叶片正背两面出现散生褐色小斑点，扩大后中央灰白，边缘暗色，呈圆形或不规则形，大小2～10毫米不等。叶面病斑呈浅褐色至黄褐色，湿度大时叶背对应部位生有致密灰黑色至近黑色绒状物，病斑上有暗褐色细线圈，病斑外围有浅黄色晕圈，后期病斑中央坏死处常脱落穿孔，病叶易脱落，严重时整株叶片脱光成秃枝。

**发病原因：**通风不良，偏施氮肥，植株前期生长过旺，田间积水等情况下易发病，高温高湿病情加重。

**防治要点：**①可用2.5%咯菌腈悬浮种衣剂均匀拌种子，晾干后进行播种。②发病后可用50%咪鲜胺锰盐可湿性粉剂1000倍液，或68.75%噁酮·锰锌水分散粒剂1000倍液进行喷雾治疗。

### （13）白粉病

白粉病属于真菌性病害，主要发生在生长中后期，主要为害叶片，老熟或幼嫩的叶片均可危害。

**病症特点：**感染初期，叶片出现黄绿色不规则斑点，背面出现白色粉状物（病菌分生孢子梗和分生孢子），即已到病害后期，较难防治。条件适宜时，白粉迅速增加，出现黑

图 5-21　白粉病

点，病部变成灰斑，大量叶片变黄脱落。

**发病原因：**高温干旱，忽干忽湿的情况易发病。

**防治方法：**发病初期可用12%苯甲·氟酰胺悬浮剂1000 ~ 1500倍液或40%氟硅唑乳油8000倍液喷施。

### （14）青枯病

辣椒青枯病属于细菌性病害，是一种土传病害，主要通过侵入辣椒根部的伤口进行侵染，病菌侵入辣椒后进入维管束，并通过增殖堵塞输导系统，使水分不能进入茎叶而引起青枯。病菌一经进入维管束，就很难清除，因此，生产上防治青枯病，预防是关键。

图5-22　青枯病

**病症特点：**一般现蕾挂果期开始多发，白天植株萎蔫，茎叶仍保持绿色，夜晚恢复。病程较短，植株死时叶片绿色，病茎维管束变褐，用手挤压有乳白色菌液排出。

**发病原因：**种植于连作地和地势低、湿度大的地块。

**防治方法：**①发现病株，立即拔除销毁，未发病植株可用氢氧化铜等无机铜进行灌根预防。②抗生素类持效期较短，可与有机铜复配，提高杀菌效果，如可用36%春雷·喹啉铜悬浮剂1000倍液喷施治疗。

### （15）软腐病

辣椒软腐病属于细菌性病害，主要为害果实，从伤口处开始，病果内腐烂后破溃，有恶臭味，仅留果皮，似白色"灯笼"。

**病症特点：**病果初生水浸状暗绿色斑，后变褐软腐，具恶臭味，内部果肉腐烂，果皮变白，整个果实失水

图5-23　软腐病

后干缩，挂在枝蔓上，稍遇外力即脱落。

**发病原因：**通过灌溉水或雨水飞溅使病菌从伤口侵入，又可通过烟青虫及风雨传播。田间低洼易涝，钻蛀性害虫多或连阴雨天气多、湿度大易流行。

**防治要点：**①防虫蛀等形成伤口，防积水，降低湿度，发现病果及时摘除销毁。②发病初期可用 33.5% 喹啉铜悬浮剂 1000 ~ 1250 倍液喷施治疗。

### （16）细菌性叶斑病

辣椒细菌性叶斑病属于细菌性病害，主要为害叶片。叶片先出现点状病，水浸状，不规则形，褪绿，后发展为褐色至铁锈色，病部薄膜状。干燥时病斑呈铁锈色，病斑质脆，有的穿孔。个别叶片发病的植株仍能生长，叶片大部脱落可引起整株死亡。

图 5-24　细菌性叶斑病

**病害特点：**叶片初期不规则水浸状小斑点，随之变褐色，叶肉凹陷，易穿孔，后期大量落叶。

**发病原因：**与甜（辣）椒、甜菜、白菜等十字花科蔬菜连作田块易于发病，高温多雨的情况下发病加重。

**防治方法：**发病初期 33.5% 喹啉铜悬浮剂 1000 ~ 1250 倍液 +3% 中生菌素可湿性粉剂 600 倍液喷施治疗。

### （17）疮痂病

辣椒疮痂病属于细菌性病害，又称细菌性斑点病。从苗期到成株期均可发病，主要为害叶片、茎、果实，果柄处也可受害。

**病症特点：**开花盛期暴雨过后发病严重，落叶、落花、落果，果实病斑黑色，疮痂状隆起。幼苗下部落叶，只留苗尖。

图 5-25　疮痂病

**发病原因：** 在高温高湿气候条件下易发病，此外在种植过密、杂草丛生、植株生长过旺、未及时整枝、受损等田间管理不当也易诱发病害的发生。

**防治要点：** ①可用33.5％喹啉铜悬浮剂1000～1250倍液喷施预防。②发病初期可使用2％春雷霉素水剂600倍液、50％氯溴异氰尿酸可溶性粉剂600倍液等进行治疗，并及时清理病株。

### （18）病毒病

辣椒病毒病属于病毒性病害，在苗期、成株期均可感染发病，传播速度非常快，病毒可在其他植物上越冬，种子可带毒。目前，我国发现7种辣椒病毒：黄瓜花叶病毒（CMV）、烟草花叶病毒（TMV）、马铃薯Y病毒（PVY）、烟草蚀纹病毒（TEV）、马铃薯X病毒（PVX）、苜蓿花叶病毒（AMV）、蚕豆萎蔫病毒（BBWV）。辣椒病毒病主要是由黄瓜花叶病毒和烟草花叶病毒引起。

表5-10　黄瓜花叶病毒和烟草花叶病毒区别

| 类型 | 简称 | 寄主 | 传播方式 | 发病条件 |
|---|---|---|---|---|
| 黄瓜花叶病毒 | CMV | 寄主广泛，包括许多蔬菜作物 | 通过蚜虫、桃赤蚜等传播 | 高温干旱，蚜虫危害严重时 |
| 烟草花叶病毒 | TMV | 干燥的病株残枝内或种子中 | 由汁液接触传播，如整枝打杈 | 多年连作，低洼地，缺肥或施用未腐熟的有机肥 |

**病症特点：** ①花叶型的初期病叶表现褪绿或黄绿相间的斑驳，后期叶片表现凹凸不平或黄化，严重者大量落叶。②枯顶型（也叫条斑型）的主要症状是在植株的嫩叶、花蕾或果实上出现坏死条斑或坏斑，且大量地掉花、掉果和落叶，出现枯顶现象。③畸形型的主要症状是叶片呈线状（蕨叶），顶端丛枝，果实畸形，节间缩短，初期由心叶叶脉褪绿，逐渐变为花叶皱缩，以后病叶增厚，叶缘向上卷曲形成斗状，幼叶狭窄或出现线状叶；后期植株上部明显丛簇状，节间缩短，植株矮化，重病果出现深绿和浅绿相间的花斑，有疣状突起。

图 5-26　花叶型

图 5-27　枯顶型

图 5-28　畸形型初期（线状）

图 5-29　畸形型后期（簇状）

**发病原因：**连作地、低洼地及偏施氮肥地块易流行。露地栽培 5 月中旬开始发生，6～7 月份高发，之后高温干旱（温度＞35℃，湿度＜60%），病情加重。保护地温度较高，发病较早，夏、秋季节发病重，寒冷季节较轻。

**防治方法：**苗期可用 3% 啶虫脒可湿性粉剂 2500～3500 倍液或 30% 噻虫嗪悬浮剂 1500 倍液等进行喷施防治白粉虱等刺吸口器昆虫；移栽前 1 周可用 5% 氨基寡糖素水剂 800～1000 倍液进行喷施预防；移植后 20 天内可用氨基寡糖素 + 钝化剂三十烷醇、琥铜·吗啉胍等再做 1～2 次喷施预防；发病初期可用吗呱·乙酸酮、辛菌胺醋酸盐进行喷施治疗，同时可加 0.01% 芸薹素内酯水剂 4000～6000 倍液，以促进修复。

# （五）辣椒主要虫害及防治措施

## （1）茶黄螨

茶黄螨属于蛛形纲蜱螨目跗线螨科茶黄螨属，又名侧多食跗线螨，其可分为卵、幼螨、若螨、成螨4个发育阶段，几天至十几天可完成完整1代，成螨长约2毫米，淡黄至黄绿色，雄成螨体躯阔卵形，雄成螨体躯近六角形。

图5-30　茶黄螨为害

**为害特点：** 成、幼螨集中在寄主幼芽、嫩叶、花、幼果等幼嫩部位刺吸汁液，造成辣椒叶片向背面卷叶、花蕾畸形、果面失去光泽。

**防治要点：** 茶黄螨昼伏夜出，宜傍晚用43%联苯肼酯悬浮剂2000倍液喷施嫩叶背面、嫩茎、花器和地表缝隙，或45%联苯肼酯·乙螨唑悬浮剂5000～7000倍液喷施，虫卵兼杀。注意轮换用药，以免产生抗药性。

**类症鉴别：** 与病毒病卷叶症状类似，但病毒病叶片上卷，而茶黄螨为害叶片下卷；茶黄螨为害叶片背面有油渍状光泽（茶黄螨蜜露）。

## （2）蚜虫

蚜虫属于同翅目蚜科，又称腻虫、蜜虫，是一类植食性昆虫，其大小不一，身长从1～10毫米不等。蚜虫的天敌有瓢虫、食蚜蝇、寄生蜂、食蚜瘿蚊、蟹蛛、草蛉等，以及昆虫病原真菌，如白僵菌。

图5-31　蚜虫为害

**为害特点：** 刺吸叶背、嫩叶、花梗、夹果汁液，造成叶片卷缩黄化；

传播病毒。

**防治要点：**发生虫害后，苗期可用持效期较长的药剂，如鱼尼丁受体激活物 10% 溴氰虫酰胺可分散油悬浮剂 3000 倍液进行喷施防治（持效期 25 天左右，土壤处理持效期可达 60 天）；结果期可施用速效性较好、持效期较短的烟碱类、菊酯类等药剂来喷施防治蚜虫，如 14% 氯虫·高氯氟微囊悬浮—悬浮剂 2000 ~ 3000 倍液进行喷施。

### （3）粉虱

粉虱属于同翅目粉虱科，体长 1 ~ 3 毫米。翅展约 3 毫米，雌、雄成虫皆有翅。

**为害特点：**成若虫刺吸叶、果实和嫩枝的汁液，被害叶出现失绿黄白斑点，随为害的加重斑点扩展成片，进而全叶苍白早落；被害果实风味品质降低，幼果受害严重时常脱落。排泄蜜露可诱致煤污病发生。

图 5-32　白粉虱为害

**防治要点：**发生虫害后，可以使用内吸性较强的啶虫脒、噻虫嗪、噻虫啉等烟碱类，配合联苯菊酯等菊酯类、吡蚜酮等吡啶类（阻塞口针）、蜕皮激素活性的抑食肼等进行防治，如 22% 联苯·噻虫嗪悬浮剂 1500 ~ 2000 倍液，也可同时结合吡丙醚、虱螨脲、螺虫乙酯等杀卵剂，效果更好。也可用黄板黏附。

### （4）蓟马

蓟马属于缨翅目蓟马科，分为卵及若虫、幼虫、蛹、成虫 4 个变态阶段。体微小，体长 0.5 ~ 2 毫米，很少超过 7 毫米，以取食辣椒汁液或真菌。

**为害特点：**影响植株生长、开花结果，锉吸式口器锉吸植物的叶片、花器、果实汁液，传播病毒。

**防治要点：**①可用广谱抗生素类阿维菌素、甲维盐、多杀霉素、乙基多杀菌素，烟碱类吡虫啉、啶虫脒、烯啶虫胺、噻虫嗪（新烟碱类 2 代）、呋虫胺（3代）、吡蚜酮等杂环类（阻塞刺吸口针），鱼尼丁受体激活物溴氰虫酰胺等药物，或复配（如40%溴酰·噻虫嗪），或交替使用，如21%噻虫嗪悬浮剂2500倍液或10%溴氰虫酰胺悬浮剂1000～1500倍液喷施叶背、花朵、叶腋、地面等处。②配合杀虫卵，效果更好，如

图5-33　蓟马为害

与10%吡丙醚乳油1500倍液混配喷施，或5%虱螨脲1500倍，或22.4%的螺虫乙酯1500倍液混用。也可用蓝板黏附。

### （5）地老虎

地老虎属于夜蛾科，成虫口器发达，为多食性害虫。其种类多，其中小地老虎、黄地老虎、大地老虎、白边地老虎和警纹地老虎等尤为重要，均以幼虫为害。多种杂草常为其重要寄主。

**为害特点：** 3龄后幼虫白天潜伏根部土壤中，夜间为害，将幼苗根茎齐地面处咬断，是危害最严重的虫害。

图5-34　地老虎为害

**防治要点：** ①可用10%辛硫磷颗粒剂600克/亩进行穴施或撒于地表翻耕，或耕后撒地表立即耙耱。②在幼虫发生量较大的地块，可用菊酯进行灌根处理。

### （6）烟青虫

烟青虫属于鳞翅目夜蛾科，又名烟草夜蛾。以幼虫蛀食花、果，为蛀果类害虫。

**病害特点：**危害辣椒时，整个幼虫钻入果内，啃食果皮、胎座，并在果内缀丝，排留大量粪便，使果实不能食用。也可为害嫩芽、叶片和花蕾，引起落蕾。

**防治要点：**①将幼虫消灭在蛀果前，可用阿维菌素、甲维盐、多杀霉素、乙基多杀菌素等抗生素类，茚虫威等缩氨基脲类、溴氰菊酯等拟除虫

图 5-35　烟青虫为害

菊酯类、BT 制剂等生防菌类防治。② 0.8％甲氨基阿维菌素微乳剂 2000 倍液或 14％氯虫·高氯氟微囊悬浮—悬浮剂 3000 倍液。

其他夜蛾类害虫如棉铃虫、斜纹夜蛾、甜菜夜蛾，防治方法可参见烟青虫。

# 六、高辣辣椒农事操作技术

滥用农药导致病原产生抗药性→加大农药用量→农业生态系统遭受破坏→病害层出不穷→进一步依赖农药，导致农药残留、环境污染、农产品品质下降。

## （一）农药的使用

### 1. 农药的分类

#### （1）农药按用途分类

农药按用途分为杀虫剂、杀菌剂和植物生长调节剂等。

①**杀虫剂**：杀虫剂主要通过触杀、胃毒、熏蒸、内吸、引诱、不育、生长调节等方式发挥作用，在使用时应根据不同防治对象的特点进行选择。例如，咀嚼式口器害虫可选用具有胃毒作用的农药；刺吸式口器害虫可选用内吸性农药。

②**杀菌剂**：杀菌剂主要分为保护性剂和内吸性杀菌剂。

表 6-1　保护性和内吸性杀菌剂区别

| 类型 | 作用部位 | 特点 | 常用种类 |
|---|---|---|---|
| 保护性杀菌剂 | 覆盖在植株表面，触杀病原、保护植物，主要作为预防病害使用 | 杀菌谱广（对高低等真菌、细菌都有效），作用位点多，不易产生抗药性，但对已进入植物体内的病原无效，治疗效果不好 | 有铜制剂类，如喹啉铜；硫代氨基甲酸酯类，如福美类（福美双等）；代森类，如代森锰锌、丙森锌、代森联等；芳香族类，如五氯硝基苯；取代苯类，如百菌清等 |

| 类型 | 作用部位 | 特点 | 常用种类 |
|---|---|---|---|
| 内吸性杀菌剂 | 被植物叶、茎、根等部位吸收，并传导到植株全身各部位，杀灭进入植物内部的病菌或中和其有毒产物，起治疗或铲除、保护作用 | 高效，作用位点单一，易产生抗药性，应注意轮换交替用药，宜与不同作用机理的内吸杀菌剂或保护性杀菌剂复配，可提高防效，延缓抗药性的产生 | 苯并咪唑类，如多菌灵；苯甲酰胺类，如甲霜灵；唑类，如三唑类；甲氧基丙烯酸酯类，如嘧菌酯；羧酸酰胺类，如烯酰吗啉等 |

③**植物生长调节剂**：植物生长调节剂是指用于促进或抑制发芽、生根、花芽分化、开花、结实、落叶等植物生理机能的人工合成药剂或天然提取的植物激素。植物生长调节剂的种类繁多，其作用方式各异，而且人们对这类化合物的作用方式仍不十分清楚，只能根据它们的主要生理效应进行分类。大体上可分为生长促进剂、生长延缓剂、生长抑制剂和激素型除草剂等。

表6-2　植物生长调节剂作用机理

| 类型 | 作用机理 | 常用种类 |
|---|---|---|
| 生长促进剂 | 促进细胞分裂、伸长和分化 | 生长素、赤霉素和细胞分裂素等，以及人工合成的吲哚丁酸、萘乙酸、激动素和苄氨基嘌呤等 |
| 生长延缓剂 | 使植物的顶端下部区域的分生组织（亚顶端分生组织）的细胞分裂、伸长和生长速度延缓 | 矮壮素、丁酰肼、阿莫-1618、多效唑等 |
| 生长抑制剂 | 抑制顶端分生组织的细胞分裂和伸长，破坏顶端优势，从而增加侧枝数，并使叶片变小 | 马来酰肼、三碘苯甲酸、整形素、脱落酸、二凯古拉酸等 |
| 激素型除草剂 | 植物体内不易被代谢，大量进入植物体内时，打乱植物体内的内源植物激素的正常作用，使生长发育不能正常进行，最终导致植物的死亡 | 2，4-D、2，4，5-T、马来酰肼、2，4-D丙酸、2，4，5-T丙酸等 |

### （2）农药按剂型分类

农药按剂型主要分为粉剂、可湿性粉剂、乳油、水乳剂、水剂、颗粒剂、悬浮剂、水分散粒剂等。

表 6-3　农药剂型分类

| 类型 | 定义 | 特点 | 施药方式 | 常见类型 |
|---|---|---|---|---|
| 粉剂 | 由农药原药和填料，经机械粉碎混合而制成粉状制剂 | ①药粒细，易附着在虫体或植株上，分散均匀，散布效率高；②使用方便，适于干旱缺水地区；③成本低，价格便宜，但用量大，残效期比可湿性粉剂、乳油的残效期要短，而且易污染环境 | 一般不宜加水稀释，低浓度粉剂可直接喷粉用，高浓度粉剂供拌种、制作毒饵、土壤处理用 | 如 10%吡虫啉粉剂 |
| 可湿性粉剂 | 由农药加湿润剂和填料，经机械粉碎而制成的混合粉状制剂 | ①附着性强，不使用溶剂和乳化剂，对植株较安全，不易产生药害，对环境污染轻；②生产成本低，储运方便、安全 | 主要用于加水喷雾使用 | 如 10%的吡虫啉可湿性粉剂等 |
| 乳油 | 由农药原药、乳化剂、溶剂制成均匀一致透明的油状液体 | ①乳油的湿润性、展着性、附着力均优于可湿性粉剂；②在使用相同剂量的情况下，活性高于粉剂、可湿性粉剂、颗粒剂、悬浮剂等；③乳油能够均匀地分布于药液中，并使药液容易渗透到作物、中体和杂草体内，充分发挥药效 | 主要用于加水喷雾使用 | 如 1.8%阿维菌素乳油、10%的三唑酮乳油等 |
| 水乳剂 | 将液体或与溶剂混合制得的液体农药原药以 0.5 ~ 1.5 微米的小液滴分散于水中的制剂，外观为乳白色牛奶状液体 | ①与乳油相比，用水替代了有机溶剂，降低了农药制剂的毒性，对人和环境安全，同时减少了农药残留；②与微乳剂相比，成本更低廉，有效含量更高，大量极性助溶剂的加入降低了对环境的污染 | 主要用于加水喷雾使用。 | 如 4.5%高效氯氰菊酯水乳剂、2.5%高效氯氟氰菊酯水乳剂等 |
| 水剂 | 由水溶性原药加入一定量水，制成不同有效成分含量的水剂，用时再加水稀释喷施 | 水剂与乳油相比，不需要有机溶剂，加适量表面活性剂即可喷雾使用，对环境的污染少，制造工艺简单，药效也很好。但是不耐贮藏、易分解 | 主要用于加水喷雾使用 | 如 2%阿维菌素水剂等 |

续表

| 类型 | 定义 | 特点 | 施药方式 | 常见类型 |
|---|---|---|---|---|
| 颗粒剂 | 由原药、助剂和载体混合制成的颗粒状制剂，可分为遇水解体和遇水不解体两种 | ①可以直接溶解，也可以直接填埋于土壤中；②使用时不会产生粉尘，不附着于植株的茎叶上，避免药害发生；③多用于防治地下害虫或飞虱、玉米螟等 | 拌土或肥料撒施 | 如1%联苯·噻虫胺颗粒剂等 |
| 悬浮剂 | 由不溶或微溶于水的固体原药借助某些助剂，通过超微粉碎比较均匀地分散于水中，形成一种颗粒细小的高悬浮、能流动的稳定的液固态体系 | ①悬浮剂的分散性和展着性都比较好，悬浮率高；②黏附在植物体表面的能力比较强，耐雨水冲刷，药效较可湿性粉剂持久 | 主要采用兑水喷雾施用 | 如吡唑醚菌酯悬浮剂、苯醚甲环唑悬浮剂 |
| 水分散粒剂 | 主要由原药、助剂、载体组成。助剂包括润湿剂、分散剂、助崩解剂、黏结剂、润滑剂等 | ①不用有机溶剂，大大降低了环境污染；②有效成分含量高，添加的助剂少；③物理化学稳定性好；入水易崩解，分散性好，悬浮率高，药效高；④安全性好、与环境相容 | 主要采用兑水喷雾施用 | 如75%肟菌酯·戊唑醇水分散粒剂；80%烯酰吗啉水分散粒剂 |

## 2. 农药混配次序

先加水后加药，进行二次稀释混配，建议先在喷雾器中加入大半桶水，加入第一种农药后混匀。然后，将剩下的农药用一个塑料桶先进行稀释，稀释好后倒入喷雾器中，混匀，以此类推。

农药混配顺序要准确，叶面肥与农药等混配的顺序通常为：微肥、水溶肥、可湿性粉剂、水分散粒剂、悬浮剂、微乳剂、水乳剂、水剂、乳

图6-1　先加水后加药

农药混配视频

油，依次加入（原则上农药混配不要超过三种），每加入一种即充分搅拌混匀，然后再加入下一种。

无论混配什么药剂都应该注意"现配现用、不宜久放"。药液虽然在刚配时没有反应，但不代表可以随意久置，否则容易产生缓慢反应，使药效逐步降低。

### 3.农药混配原则

作用机制不同的农药混用，可以提高防治效果，延缓病虫产生抗药性。

**（1）不同毒杀作用的农药混配**

杀虫剂有触杀、胃毒、熏蒸、内吸等作用方式，杀菌剂有保护、治疗、内吸等作用方式，如果将这些具有不同防治作用的药剂混用，可以互相补充，会产生很好的防治效果。

**（2）作用于不同虫态的杀虫剂混配**

作用于不同虫态的杀虫剂混用可以杀灭田间的不同生长时期的害虫，杀虫彻底，从而提高防治效果。

**（3）具有不同时效的农药混配**

农药有的种类速效性防治效果好，但持效期短；有的速效性防治效果虽差，但作用时间长。这样的农药混用，不但施药后防治效果好，而且还可起到长期防治的作用。

**（4）与增效剂混配**

增效剂对病虫虽无直接毒杀作用，但与农药混用却能提高防治效果。

**（5）作用于不同病虫害的农药混配**

几种病虫害同时发生时，采用该种方法，可以减少喷药的次数，减少工作时间，从而提高功效。

### 4.农药混配的注意事项

农药混用虽有很多好处，但切忌随意乱混。不合理地混用不仅无益，而且会产生相反的效果。农药混用必须注意以下几点。

## （1）不改变物理性状

混合后不能出现浮油、絮结、沉淀或变色，也不能出现发热、产生气泡等现象。如果同为粉剂，或同为颗粒剂、熏蒸剂、烟雾剂，一般都可混用。

## （2）不同剂型之间

可湿性粉剂、乳油、浓乳剂、胶悬剂、水溶剂等以水为介质的液剂则不宜任意混用。

## （3）不引起化学变化

①包括许多药剂不能与碱性或酸性农药混用，在波尔多液、石硫合剂等碱性条件下，氨基甲酸酯、拟除虫菊酯类杀虫剂，福美双、代森环等二硫代氨基甲酸类杀菌剂易发生水解或复杂的化学变化，从而破坏原有结构。

②在酸性条件下，2，4-D钠盐、2甲4氯钠盐、双甲脒等也会分解，因而降低药效。

③二硫代氨基甲酸盐类杀菌剂、2，4-D类除草剂与铜制剂混用可生成铜盐降低药效。

④甲基硫菌灵、硫菌灵可与铜离子络合而失去活性。

⑤除去铜制剂，其他含重金属离子的制剂如铁、锌、锰、镍等制剂，混用时要特别慎重。

⑥石硫合剂与波尔多液混用可产生有害的硫化铜，也会增加可溶性铜离子含量。

⑦敌稗、丁草胺等不能与有机磷、氨基甲酸酯杀虫剂混用，一些化学变化可能会产生药害。

## （4）具有交互抗性的农药不宜混用

混合用不但不能起到延缓病菌产生抗药性的作用，反而会加速抗药性的产生，所以不能混用。如杀菌剂多菌灵、甲基托布津具有交互抗性，不能混用。

## （5）微生物农药不能与杀菌剂混用

许多农药杀菌剂对微生物农药具有杀伤力，因此，微生物农药与杀菌剂不可以混用。

# （二）肥料的使用

在生产上，施肥时应根据土壤状况进行合理施肥，红壤、赤红壤应注重磷肥；酸性土壤忌施酸性肥料，碱性土壤不施碱性肥料；黏土一次施用化肥量可稍大，沙质土则宜少量多次、少施勤施为好；酸性土壤上可施难溶性磷肥，磷矿粉只适于酸性土壤；石灰性土壤施难溶性磷肥则无效；低湿土壤施用有机肥（尤其是新鲜有机肥）易导致土壤通气条件恶化；大雨容易使硝态氮大量淋失，应在雨后施氮肥，以防氮肥损失；干旱地区施用硝态氮肥；干热天气叶面喷施磷肥。

## 1. 施用化学肥料需注意的问题

化学肥料是指用化学和（或）物理方法制成的含有一种或几种农作物生长需要的营养元素的肥料。也称无机肥料，包括氮肥、磷肥、钾肥、微肥、复合肥等。

### （1）使用方法

①氮肥：作基肥，可采用犁底或撒施后耕翻入土，或起垄包施肥；作追肥，可沟施、穴施，施肥深度一般6～10厘米，无法深施的情况下，撒施要立即浇水，随水施用。

②磷肥：作种肥时，可用磷肥1～2倍腐熟细干土混合均匀，条施或穴施后播种；作基肥时，可分层施用，深施可满足作物生长中后期的需要，浅施可供苗期吸收；作追肥时，可耕前撒施，或耕后撒垄头施用。

③钾肥：以作基肥为主，追肥为辅。作基肥，可在耕地前撒施或耕地时撒施犁底，翻压做基肥；追肥要早，可开沟条施或穴施。

④微肥：以叶面喷施为主，也可沾根或浸种。

⑤复合肥：可作基肥也可作追肥。作基肥时，应选择长效性的复合肥，在耕地前撒施或耕地时撒施犁底，也可开沟条施或穴施；作追肥时，应选择速效性的复合肥，撒于畦面或随水施用。

## （2）注意事项

①酸性化肥不可与碱性化肥混用。碳铵、硫铵、硝酸铵、磷铵不能与草木灰、石灰、窑灰钾肥等碱性肥料混施，会发生中和反应，造成氮素损失，降低肥效。

②辣椒不宜使用含氯的化肥，尤其盐碱地。

③氮素化肥不宜浅施或浇水前施用。氮素化肥施入土壤后一般要转化为铵态氮，容易随水流失或受光热作用而挥发，失去肥效；速效氮肥肥效快，多用作追肥，施用量要适中，采用撒施、条施、穴施、浇灌等均可，且施用后要覆土。

④碳铵和尿素不能混用。尿素中的酰胺态氮不能被作物吸收，只有在土壤中脲酶的作用下，转化为铵态氮后才能被作物利用；碳铵施入土壤后，造成土壤溶液短期内呈酸性反应，会加速尿素中氮的挥发损失，故不能混合施用。碳铵也不可与菌肥混用，因为前者会散发一定浓度的氨气，对后者的活性菌有毒害作用，会使菌肥失去肥效。

⑤磷肥不宜分散使用。磷肥中的磷元素容易被土壤吸收固定，失去肥效，应先将磷肥与积肥混合堆沤一段时间，再沟施或穴施于植株根系附近。

⑥钾肥不宜在作物生长后期使用。待有缺钾症状时，植株生长已近后期，这时再追肥已起不到多大作用，因此钾肥应提前至作物苗期追施，或作基肥使用。

⑦稀土肥料不宜直接施于土壤中。稀土肥料用量较小，正确的使用方法是将稀土肥料拌种或用于叶面喷施。

⑧硫酸铵忌长期施用。硫酸铵为生理酸性肥料，长期在同一土壤施用，会增加其酸性，破坏团粒结构；在碱性土壤中，硫酸铵的铵离子被吸收，而酸根离子残留在土壤中与钙发生反应，使土壤板结变硬。

⑨未腐熟的农家肥和饼肥不宜直接使用。未腐熟的农家肥和饼肥中含有多种虫卵、病菌，还会产生大量二氧化碳和热量，直接使用会污染土壤，加快土壤水分蒸发、烧坏作物根系，影响种子发芽。正确的使用方法是，先将农家肥和饼肥充分堆沤腐熟，经高温消毒或药剂处理后再使用。

## 2. 施用有机肥应注意的问题

有机肥是指经生物物质、动植物废弃物、植物残体加工而来，消除了其中的有毒有害物质，富含大量有益物质，包括多种有机酸、肽类，以及包括氮、磷、钾在内的丰富的营养元素的肥料。

### （1）使用方法

①有机肥料应在完全分解后施用。未分解的粪便在土壤中通过微生物分解发酵，产生的氨气易引起植株烧根、中毒，有些还会滋生杂草，传播病虫害。

②有机肥作为底肥，要均匀混合在土壤中，使之与土壤融为一体。生长期施用有机肥时，应开沟或穴施，施后覆土，切勿撒在地上。

### （2）注意事项

①有机肥所含养分不是万能的。有机肥料所含养分种类较多，但所含养分并不平衡，不能满足高产的需要。

②有机肥分解较慢，肥效较迟。有机肥虽然营养元素含量全，但含量较低，且在土壤中分解较慢，在有机肥用量不是很大的情况下，很难满足植株对营养元素的需要，有机肥一般多用作基肥，施用量要大。

③有机肥需经过发酵处理。许多有机肥料带有病菌、虫卵和杂草种子，有些有机肥料中有不利于作物生长的有机化合物，所以均应经过堆沤发酵、加工处理后才能施用，生粪不能下地。

④有机肥的使用禁忌。腐熟的有机肥不宜与碱性肥料和硝态氮肥混用。

## 3. 施用生物菌肥应注意的问题

生物菌肥是近几年出现的一种新型的生物"肥料"，虽然叫作菌肥，但是其本质不是肥，只是通过手段培养的一些在土壤中有利于土壤和作物的有益菌类。

### （1）使用方法

①用得早、用得足、次数多。生物菌肥到根际需要与其他的微生物竞争营养和位置等，因此，要做到先声夺人，才能取得更好的效果。建议从底肥

（生长早期）就开始施用，不要随意减量，并在一个生长季至少施用 2 ~ 3 次。

②采用正确的使用方式：可采用拌种、浸种、蘸根、灌根、穴施、沟施、喷施、滴灌、撒施等方式。浸拌种、蘸根等方式早期效果突出，要达到更好的效果，还需要结合土施的方式，尤其结合灌根、穴施、滴灌等方式效果更好。

### （2）注意事项

①氮、磷、钾总含量超过 8% 时与生物菌肥混合施用，会抑制菌的活性。此外，不要将生物菌肥与杀菌剂、杀虫剂、除草剂和含硫化肥（如硫酸钾等）、草木灰混合使用。

②采用沟施、窝施的方式，要将生物菌肥盖在土壤里，避免阳光直射，紫外线会杀死细菌；此外，不建议冲施生物菌肥，因为加速吸收后菌群会被冲散，影响施用后的效果。

③冬春季地温低，低温微生物的生长繁殖变慢、活性下降。应提高地温，用秸秆覆盖，起到增强微生物活性的作用。

④生物菌肥本身养分含量低，必须与其他肥料搭配施用。在施用生物菌肥时，由于生物菌肥中的微生物具有固氮、解磷、解钾、抑菌、活化土壤、提高养分利用率的作用，因此施用这类肥料后，可以适当减少化肥的施用量。

### 4. 化肥、有机肥和生物菌肥区别

表 6-4　化肥、有机肥和生物菌肥区别

| 类型 | 养分情况 | 肥效情况 | 对土壤作用 |
|---|---|---|---|
| 化肥 | 养分单一、养分含量高、溶解性好 | 肥效高、见效快、施用量小，施用省力 | 长期使用会使土壤酸、碱、盐化程度增加，不利于增产增收 |
| 有机肥 | 肥效全面，养分丰富，养分含量低 | 肥效缓慢，施用量大，施用费力 | 可提高土壤的团粒结构和保肥保水的能力，改善土壤、培肥地力、增加产量、提高品质、提高肥料利用率 |
| 生物菌肥 | 属于生物制剂，养分含量低，菌量含量高 | 肥效持续时间长，利于作物生长 | 可改良土壤、抑制土壤病菌、减少土传性病害的发生率，有助于土壤重返自然状态 |

## 5. 如何提高施肥效率

在光照条件好的时候适当多施高钾、高氮的肥料，促进作物的营养生长与生殖生长；在光照条件差的时候，要少施氮肥，严防作物贪青晚熟。

在光照强时，深施肥料，防止光解、挥发，随水冲施速溶型复合肥，提高养分利用率。

随着作物叶面积系数的增加，适当喷施磷酸二氢钾。

在多雨季节不应过量施用氮肥，一防辣椒疯长，二防肥料流失，三防污染水源。

在干旱少雨时，应适量增施磷、钾、钙肥，可提高抗旱能力，增施磷肥可提高对水分的利用率，并能发挥以磷增氮的作用。

在操作方法上应注意，土壤含水最较高时，宜重肥轻施，即：要提高肥料浓度，但用量要少，且要与植株保持一定距离；天气干旱时，宜轻肥重施，即：要降低肥料浓度，增加浇水次数。

# （三）生产过程中常见问题

## 1. 高辣辣椒重茬的危害及防治技术

### （1）辣椒重茬的危害

①土壤含水率：高辣辣椒对土壤含水量要求较为严格，属于既不耐旱又不耐涝类型。高辣辣椒单株需水量较普通辣椒大，但其根系不够发达，不能经常供水给整株，会严重影响其生长发育。因连作引起的辣椒田土壤含水量正常会低于正茬，导致水分供应的不足，易发生病害。

②土壤酸碱度：高辣辣椒种植适于中性或弱碱性壤土，酸碱偏失都将对辣椒正常生长发育不利。长期连作加上人为施肥的原因都会造成土壤酸碱度失衡，超出辣椒适宜 pH 范围，在这个范围内的土壤会给病虫害提供温床，滋生繁衍出大量病虫害幼虫，造成植株"三落"现象的发生。

③土壤养分：高辣辣椒植株高大，结果数多，对土壤养分要求比较高，适于在深厚肥沃、富含有机质的农田土壤中生长，连作年限过长时，会消耗

土壤中的营养物质，同时微量元素的缺失也会对辣椒生长发育不利。

④土壤结构：连年耕作会使土壤板结，耕作阻力加大，土壤通透性降低，有氧呼吸降低，无氧呼吸加剧，会产生有毒的代谢产物，严重时会导致腐根、烂根。

⑤土壤微生物：一些土传病原菌对辣椒再度感染，导致病害是连作障碍最主要的原因。长期连作会使土壤病原微生物积累，同时越冬后，病菌经雨水、灌溉水、气流等媒介直接由植株伤口侵入。

### （2）重茬防治技术

①合理灌溉：采用小水勤浇或滴灌的方式适时定量地补充土壤含水量，这样有利于防治因连作导致的水分缺失，预防病毒病的发生。

②调节土壤酸碱度：定期对土壤酸碱度进行检测，用专业土壤调节剂，如牡蛎钙等，调节土壤偏酸现象，通过增施酸性肥料调节土壤过碱。

③补充养分：由于连作多年，土壤中养分的缺失，导致土壤养分不能满足辣椒的正常发育，在定植之前应对农田进行全田普施腐熟农家肥，以后的生长发育过程也要适度追肥，包括一些必需的微量元素，可叶面喷施。

④中耕松土：高辣辣椒生长过程中要进行中耕松土除草，防止连年耕作造成的土壤板结，通透性下降等会影响辣椒根系的有氧呼吸。

## 2. 高辣辣椒病害多、难治的原因

### （1）氮、磷、钾比例失衡

高辣辣椒需是有一定比例的氮、磷、钾，只要其中一种供应不足，其他的肥料使用再多，也不能被吸收利用。现在很多椒农发现自己辣椒长势不好、长得慢，首先想到的就是增加施肥，大量化肥施入土壤，不仅不能完全吸收，还会形成盐害影响根活性。

### （2）土壤酸化或碱化严重

高辣辣椒适合的 pH 6.5 ~ 7.2，超出这个范围，辣椒根系吸收养分就会受到影响，如果 pH 低于 4.5 或者高于 8.5，就几乎什么肥料都吸收不了。在对各地的土壤检测中，高辣辣椒死棵的地块很多都是土壤酸化，有的甚至在 3.8

以下，也有的 pH 达到 9.0，这样的土壤几乎没有作物可以存活。

### （3）土壤中盐分含量过高

盐分往往是最容易被忽视的问题，现在国家土壤检测标准中也没有要求。很多高辣辣椒的死棵往往不是被病菌侵染致死，都是被盐分淹死的，尤其是浇水施肥之后。EC 值是用来测量溶液、液体肥料或种植介质中的可溶性离子浓度，土壤中可溶性盐含量（EC 值）过高，可能会形成反渗透压，将根系中的水分置

图 6-2　土壤 EC 测定仪

换出来，使根尖变褐或者干枯；高辣辣椒适宜的 EC 为 0.3 ～ 0.5 毫西门子每厘米，不要超过 1.0 毫西门子每厘米，果实膨大期最适宜的 EC 值为 0.5 ～ 1.0 毫西门子每厘米，不要超过 1.5 毫西门子每厘米。

### （4）土壤有机质含量低

中等地力水平有机质含量是 2.0%，如果土壤有机质低于 1%，高辣辣椒问题就会比较多，首先表现的是病害多、变光差、口感不好。

### （5）不重视施用生物菌肥

土壤中生物菌群分为有益菌群和有害菌群，当有益菌群数量过低时，就会造成有害菌群泛滥，病害就严重。

### （6）经常用杀菌剂灌根

高辣辣椒根部一发生病害就用杀菌剂去灌根，完全是拆了东墙补西墙，病害暂时是可能控制住了，可也把有益菌群杀死了。过段时间病害再发生时，病情会更严重，对使用过的农药产生抗药性。

## 3. 高辣辣椒"三落"的原因及防治方法

### （1）高辣辣椒"三落"的原因

①**品种**：选择不适合当地气候条件栽培的高辣辣椒品种，或选用的高辣

辣椒品种的播种种植期不适于当地的播种期。

②温度：高辣辣椒喜温不耐霜冻，对温度条件要求严格，长期低温易发生三落病。高辣辣椒根系主要分布在15厘米耕层，低温低于18℃时，根系生理机能下降，8℃时根系停止生长；气温低于15℃，虽然高辣辣椒能够开花，但花药不能放粉。整个生育期内，气温高于35℃，高辣辣椒不能受精；地温高于30℃，根系受到伤害，导致植株营养受损引起落花。

图6-3　落叶

③光照：高辣辣椒对光照强度要求中等，光饱和点为3万勒克斯，补偿点为1500勒克斯。在辣椒生长期间遇较长时间连续阴雨天气，光照不足，也可导致落花、落叶和落果。

④栽培管理不当：土壤中缺乏磷、钾、硼肥或秧苗生长不健壮，管理不当，定植后缓苗慢，进入高温季节枝叶较少、地块低洼排水不良、土壤板结，也可引起三落病。在生长前期，如果氮肥施用过多，引起辣椒徒长，节间拉长，易导致落蕾，影响产量。

图6-4　落花

⑤病虫害侵染：高辣辣椒在高温季节易感染病毒病，使植株矮化、枯黄，叶片皱缩脱落。此外，高辣辣椒

图6-5　落果

细菌性叶斑病、炭疽病、枯萎病危害严重的也容易导致落叶。虫害主要有蚜虫和烟青虫。

### （2）高辣辣椒"三落"的防治技术

①**选用适宜品种**：因地制宜选用适合当地气候条件的耐低温弱光、早熟品种，科学确定播种期，以满足高辣辣椒生育适温 20 ~ 30℃、地温 25℃的要求。

②**适时定植、及早封垄**：采用营养钵或穴盘培育大苗、壮苗，采用小拱棚地膜覆盖栽培，提高地温，提前定植，高温季节到来前达到封垄条件，及时封垄。

③**水肥管理**：高辣辣椒既不耐旱也不耐涝，应选择排水良好的肥沃土壤种植。过湿容易发生病害，植株枯萎；过于干燥则对授粉受精和坐果不利，尤其是开花坐果期和盛果期，如土壤干旱、水分不足，极易引起落花落果。因此应勤灌少灌，保持土壤湿润，促进辣椒生长发育。

高辣辣椒喜肥，对营养条件要求较高，特别对氮肥反应很敏感。氮素不足或过多都会影响营养体生长及营养分配，容易落花、落果。充足的磷、钾肥有利于提早花芽分化及果实膨大，并能使茎秆健壮，增强抗病力。同时，合理喷施液肥或生长调节剂，也可有效预防三落病发生。

④**植株调整**：门椒开花后，摘除门椒以下侧枝，待对椒坐住后长到5厘米时摘除门椒。整枝时，采取吊蔓栽培或支架栽培，每株保留3 ~ 4个生长健壮枝。可根据植株生长情况除去一部分小侧枝，加强通风透光。

⑤**科学用药，防重于治**：在生产过程中，除了采用科学的栽培技术管理技术外，还应合理用药，提前预防病虫害发生，避免因病虫危害引发三落病。

⑥**病害**：病害是引起高辣辣椒三落的主要原因，病害防治显得尤为重要。播种前不能省略对辣椒种子浸种处理，可以有效地预防病害发生。此外，在移栽幼苗时，喷洒适当次数的农药，防止灰色叶斑病的产生。

在幼苗田间护理上，要注意施肥浇水，辣椒喜水怕涝，一场大雨过后，如果没有及时排水松土，辣椒根系就会因缺氧受损甚至腐烂死亡，造成金属离子吸收障碍，下部叶片黄化和落叶现象发生，此外根系吸收障碍也会引起植株吸收铁的能力下降，使新叶变黄。大雨过后，高温高湿适合炭疽、细菌等病菌繁殖、传播和侵染。大雨过后要及时排水、划锄地表，地膜覆盖的大棚应该先把膜揭开部分并划锄地表，使水分尽快蒸发。待土壤稍干的傍晚浇小水冲施一些腐殖酸、海藻肥等养根的肥料。随后在叶片干燥后喷施广谱性杀真菌剂（甲基硫菌灵、百菌清、三唑类等）和真菌细菌混杀型（多硫悬浮剂、中生菌素、有机铜等）。

高辣辣椒病毒病在保护地比较常见，黄化型病毒病会引起落叶早衰，连续阴雨天，要多次少量，小水勤浇。

## 4. 高辣辣椒死棵的原因及防治方法

### （1）高辣辣椒死棵的原因

①**重茬栽培**：重茬栽培是造成高辣辣椒死棵最重要的原因之一，重茬栽培使土壤中病原菌基数增多，相对固定和连年重茬种植的习惯及棚室的限制，会使土壤酸碱化、盐渍化程度加重，土壤中病残体数量逐年累积增多，病原菌不断添入，大棚高温高湿的环境条件又适宜病害的爆发，病菌易从根部或茎部伤口侵入植株后繁殖为害，在适宜的条件下传播蔓延，造成死棵的大面积发生。

图6-6　辣椒死棵

②**种子带菌**：辣椒种子中有潜藏的病害菌，这些病害菌附着在种子上进行传播，是高辣辣椒栽培新田发病的初传染源。若在播种前，未对种子进行消毒浸泡处理，容易为病害发生和蔓延提供温床。

③**栽培操作不当**：栽培操作不当时，会为病害的发生创造有利条件。穴盘育苗时用营养土进行育苗较容易造成高辣辣椒死棵发生，施用未经充分腐熟的有机肥会造成农田中辣椒死棵，定植时未用起垄栽培也会造成辣椒死棵。

高温强光时定植，且定植过深会使死棵现象普遍发生。

④**灌溉不合理**：大水漫灌或灌溉次数过多，会为病害发生提供高湿环境，若遇到高温天气时，病害明显，死棵现象严重。

⑤**农事操作中感染病菌**：在高辣辣椒整个生长期内，由于人为管理操作不当，可能将造成辣椒植株形成伤口，致使伤口感染病菌，造成死棵现象发生。

### （2）高辣辣椒死棵的防治方法

高辣辣椒死棵的病因有很多，主要有青枯病、猝倒病、立枯病、枯萎病、疫病和菌核病等。为控制辣椒死棵的发生，只有正确识别各种病害的田间症状，了解病害发生的原因及传播途径，根据不同病害，对症用药，提前进行预防防治，才能有效控制辣椒死棵的发生。

①**选用抗病品种**：根据本地的环境条件及市场需求，调整栽培布局，选择高产抗病的优良品种，选用多种抗病兼抗的品种，能大大缓解辣椒死棵。

②**处理种子**：病菌常常潜伏在辣椒种子上，待适宜条件时常常会爆发。在播种前要进行种子处理，能有效控制病菌的传播。将辣椒种子放入到55℃的恒温水中进行浸种6个小时左右，期间不断搅拌，捞出沥干后再放入准备好的10%磷酸三钠溶液1000倍液中进行浸种20分钟左右，钝化种皮中带的病毒菌。

③**加强田间管理**：田间管理的好坏会直接影响到高辣辣椒产量，实行科学管理和适当的栽培措施会为辣椒生长发育提供最有力环境条件，抑制病害滋生繁衍。在准备种植辣椒时进行深翻晒土，可减少壤土中的病原物和虫卵对辣椒的侵染；轮作换茬制度不仅有利于辣椒的生长发育，还可以减少土壤中有害微生物的积累；均衡施肥，合理控制氮磷钾比例并增施充分腐熟的有机肥；及时对叶面补施农家肥，能提高辣椒植株抗逆性；合理种植栽培密度、改善群体结构和提高植株通风透光性，能起到防治死棵现象普遍发生；采用滴灌、地膜覆盖等技术来满足辣椒对水量的要求。

# 附 录

## （一）辣椒生产主要有害生物防治方案

| | 有害生物 | 防治指标（适期） | 安全期 | 主要防治方法 |
|---|---|---|---|---|
| 播种期 | 猝倒病 | 3～6叶片真叶期 | ≥10 | 方法：30%精甲·噁霉灵35～50毫升/亩液喷雾 |
| | 立枯病 | 发病初期 | ≥10 | 方法一：30%精甲·噁霉灵35～50毫升/亩液喷雾<br>方法二：30%噁霉灵35～50毫升/亩液喷雾 |
| | 病毒病 | 3片真叶 | ≥7 | 5%氨基寡糖素水剂35～50毫升/亩喷雾 |
| 生长期 | 病毒病 | 发病初期 | ≥7 | 方法一：20%吗胍·硫酸铜水剂60～100毫升/亩倍液喷雾。 |
| | | | ≥7 | 方法二：5%氨基寡糖素水剂35～50毫升/亩液喷雾。 |
| | | | ≥3 | 方法三：50%氯溴异氰尿酸可溶粉剂60～70克/亩喷施 |
| | 炭疽病 | 发病初期 | ≥7 | 方法一：45%咪鲜胺乳油15～30毫升/亩喷雾。 |
| | | | ≥7 | 方法二：75%肟菌·戊唑醇水分散粒剂10～15克/亩液喷施。 |
| | | | ≥7 | 方法三：40%氟啶·嘧菌酯悬浮50～60毫升/亩液喷雾 |
| | 疫病 | 发病初期 | ≥5 | 方法一：精甲霜·锰锌水分散粒剂100～120克/亩喷雾 |
| | | | ≥7 | 方法二：50%氟啶胺25～33毫升/亩喷施。 |
| | | | ≥3 | 方法三：687.5克/升的氟菌·霜霉威60～75毫升/亩喷雾 |
| | 灰霉病 | 发病初期 | ≥7 | 方法一：50%咪鲜胺锰盐30～40克/亩可湿性粉剂喷雾。 |
| | | | ≥7 | 方法二：50%啶酰菌胺水分散粒剂40～50克/亩 |

续表

| | 有害生物 | 防治指标（适期） | 安全期 | 主要防治方法 |
|---|---|---|---|---|
| 生长期 | 青枯病 | 发病初期 | | 0.1 亿个菌落 / 克多粘类芽孢杆菌细粒剂 1050 ~ 1400 克 / 亩灌根 |
| | 蚜虫 | 发病株达 20% 时 | ≥ 7 | 方法一：14% 氯虫·高氯氟微囊悬浮－悬浮剂 10 ~ 20 毫升 / 亩喷雾 |
| | | | ≥ 3 | 方法二：10% 溴氰虫酰胺悬浮剂 30 ~ 40 毫升 / 亩喷施 |
| | 烟青虫 | 幼虫 3 龄前 | ≥ 7 | 方法一：14% 氯虫·高氯氟微囊悬浮－悬浮剂 10 ~ 20 毫升 / 亩喷雾。 |
| | | | ≥ 7 | 方法二：4.5% 高效氯氰菊酯 35 ~ 50 毫升 / 亩乳油喷施 |
| | 白粉虱 | 发病初期 | ≥ 5 | 方法一：22% 噻虫·高氯氟微囊悬浮－悬浮剂 5 ~ 10 毫升 / 亩。 |
| | | | ≥ 3 | 方法二：10% 溴氰虫酰胺悬浮剂 50 ~ 60 毫升 / 亩 |

# （二）禁限用农药名录

《农药管理条例》规定，农药生产应取得农药登记证和生产许可证，农药经营应取得经营许可证，农药使用应按照标签规定的使用范围、安全间隔期用药，不得超范围用药。剧毒、高毒农药不得用于防治卫生害虫，不得用于蔬菜、瓜果、茶叶、菌类、中草药材的生产，不得用于水生植物的病虫害防治。

## 1. 禁止（停止）使用的农药（46 种）

六六六、滴滴涕、毒杀芬、二溴氯丙烷、杀虫脒、二溴乙烷、除草醚、艾氏剂、狄氏剂、汞制剂、砷类、铅类、敌枯双、氟乙酰胺、甘氟、毒鼠强、氟乙酸钠、毒鼠硅、甲胺磷、对硫磷、甲基对硫磷、久效磷、磷胺、苯线磷、地虫硫磷、甲基硫环磷、磷化钙、磷化镁、磷化锌、硫线磷、蝇毒磷、治螟磷、特丁硫磷、氯磺隆、胺苯磺隆、甲磺隆、福美胂、福美甲胂、三氯杀螨醇、林丹、硫丹、溴甲烷、氟虫胺、杀扑磷、百草枯、2,4- 滴丁酯

注：氟虫胺自 2020 年 1 月 1 日起禁止使用。百草枯可溶胶剂自 2020 年 9 月 26 日起禁止使用。2,4- 滴丁酯自 2023 年 1 月 29 日起禁止使用。溴甲烷可用于"检疫熏蒸处理"。杀扑磷已无制剂登记。

## 2. 在部分范围禁止使用的农药（20 种）

| 通用名 | 禁止使用范围 |
| --- | --- |
| 甲拌磷、甲基异柳磷、克百威、水胺硫磷、氧乐果、灭多威、涕灭威、灭线磷 | 禁止在蔬菜、瓜果、茶叶、菌类、中草药材上使用，禁止用于防治卫生害虫，禁止用于水生植物的病虫害防治 |
| 甲拌磷、甲基异柳磷、克百威 | 禁止在甘蔗作物上使用 |
| 内吸磷、硫环磷、氯唑磷 | 禁止在蔬菜、瓜果、茶叶、中草药材上使用 |
| 乙酰甲胺磷、丁硫克百威、乐果 | 禁止在蔬菜、瓜果、茶叶、菌类和中草药材上使用 |
| 毒死蜱、三唑磷 | 禁止在蔬菜上使用 |
| 丁酰肼（比久） | 禁止在花生上使用 |
| 氰戊菊酯 | 禁止在茶叶上使用 |
| 氟虫腈 | 禁止在所有农作物上使用（玉米等部分旱田种子包衣除外） |
| 氟苯虫酰胺 | 禁止在水稻上使用 |

# （三）高辣辣椒栽培技术规程（DB35/T 2134—2023）

ICS 65.020.20
CCS B 05

# DB35

## 福 建 省 地 方 标 准

DB35/T 2134—2023

# 高辣辣椒栽培技术规程

Technical regulation for cultivation of high spicy pepper

2023 - 10 - 25 发布　　　　　　　　　2024 - 01 - 25 实施

福建省市场监督管理局　　发 布

# 目　次

# 前　　言

本文件按照GB/T 1.1—2020《标准化工作导则　第1部分：标准化文件的结构和起草规则》的规定起草。

请注意本文件的某些内容可能涉及专利。本文件的发布机构不承担识别专利的责任。

本文件由三明市市场监督管理局提出。

本文件由福建省农业农村厅归口。

本文件起草单位：三明市农业科学研究院、三明市沙县区市场监督管理局、福建省农业科学院作物研究所、福建省三明市农兴种苗有限公司、三明市沙县区农业科学研究所、三明市沙县区农业农村局。

本文件主要起草人：李永清、吴立东、陈如沧、吴祥辉、曾绍贵、邱胤晖、罗英、薛珠政、廖承树、张锐、尚伟、罗翔、邱林华、黄文莉、郑会坦、冯鸿弦。

DB35/T 2134—2023

# 高辣辣椒栽培技术规程

## 1 范围

本文件规定了高辣辣椒栽培的产地环境、品种选择、育苗、田间管理、病虫害防治、采收及生产档案管理等要求。

本文件适用于辣度在斯科维尔指数50 000 SHU以上的辣椒在福建省地区的栽培。

## 2 规范性引用文件

下列文件中的内容通过文中的规范性引用而构成本文件必不可少的条款。其中，注日期的引用文件，仅该日期对应的版本适用于本文件；不注日期的引用文件，其最新版本（包括所有的修改单）适用于本文件。

GB/T 8321（所有部分） 农药合理使用准则

GB 16715.3 瓜菜作物种子 第3部分：茄果类

GB/T 23416.2 蔬菜病虫害安全防治技术规范 第2部分：茄果类

GB/Z 26583 辣椒生产技术规范

## 3 术语和定义

下列术语和定义适用于本文件。

3.1

斯科维尔指数 scoville heat units；SHU

国际上用来表示辣感强弱的量化值。

## 4 产地环境

产地应远离污染源。宜选择土壤疏松、肥沃，排水良好，前茬为非茄科作物的砂壤土或壤土地块种植。

## 5 品种选择

5.1 种子质量应符合 GB 16715.3 要求。

5.2 根据目标市场要求，选择高产、抗病、适应性强、座果集中，辣度在斯科维尔指数 50 000 SHU 以上的品种。

DB35/T 2134—2023

## 6 育苗

### 6.1 播种前准备

#### 6.1.1 苗床育苗

可采用大中棚或小拱棚育苗。选择地势高，2年～3年未种过茄科作物的田块做苗床，畦高约30 cm，畦面宽约100 cm。于苗床表面撒入2 cm～3 cm厚的已消毒的蔬菜育苗基质。

#### 6.1.2 穴盘育苗

可采用保护地育苗。可用蔬菜商品育苗基质作为培养土。选用50孔或72孔穴盘育苗。

### 6.2 种子处理

#### 6.2.1 温汤浸种

种子用50 ℃～55 ℃温汤浸种15 min～20 min，不停搅拌，直至水温降至28 ℃左右，宜在此温度下继续浸种8 h～10 h。

#### 6.2.2 药剂处理

将种子用0.1%高锰酸钾浸种15 min，或用10%磷酸三钠浸种20 min～30 min后，洗净沥干。

#### 6.2.3 催芽

催芽按GB/Z 26583处理。

### 6.3 播种

#### 6.3.1 播种期

根据海拔高度不同确定播种时间。低海拔地区（海拔≤400 m），播种期一般宜在12月下旬至翌年1月上中旬；中高海拔地区（海拔＞400 m），播种期一般宜在1月中旬至2月上旬。

#### 6.3.2 播种方法

##### 6.3.2.1 苗床育苗播种

先浇足底水。苗床育苗采用条播法播种，播完种后，覆盖一层0.5 cm～1 cm厚蔬菜育苗基质盖种，浇透水后盖上小拱棚。播种量2 g/m²～4 g/m²。

##### 6.3.2.2 穴盘育苗播种

穴盘育苗采用点播法播种。穴盘均匀填满基质，打1 cm深播种穴，每穴点播1粒种子，覆盖基质，刮平，浇透水。

### 6.4 苗期管理

#### 6.4.1 温度

育苗棚内白天温度宜保持在25 ℃～30 ℃，夜间温度宜保持在15 ℃～20 ℃，白天棚内温度超过30 ℃或夜间低于15 ℃，则应通过打开薄膜加强通风透气，通过覆盖薄膜保温增温措施。

#### 6.4.2 水分

出苗前苗床基质或表土应保持湿润，出苗后视墒情选晴天上午适度浇水，湿度不宜过大。

#### 6.4.3 光照

应保持薄膜清洁，维持充足光照。小拱棚育苗在温度15 ℃以上可揭膜增加光照。

#### 6.4.4 病害预防

注意预防猝倒病、病毒病等苗期病害。

### 6.5 定植

#### 6.5.1 定植前准备

深翻土壤，结合整地施足基肥，每667 m²施用商品有机肥300 kg～500 kg和40 kg～50 kg三元复合肥。畦宽带沟60 cm～80 cm，畦高约30 cm。定植前1周控水控肥，增加光照，炼苗。

#### 6.5.2 定植苗规格

苗5～8片真叶，叶色深绿、茎秆粗壮、根系发达，无病虫害，无机械损伤。

#### 6.5.3 定植时期

在3月下旬至4月下旬，地温稳定在10 ℃以上时定植为宜。

#### 6.5.4 定植密度

根据品种特性选择适宜的种植密度，株距60 cm～80 cm，行距60 cm～80 cm，每667 m²栽1 000～1 800株为宜。

## 7 田间管理

### 7.1 水分管理

定植后浇足定根水，以后根据天气情况及土壤墒情，保持土壤田间持水量为65%～75%（手握成团不滴水），不积水。

### 7.2 追肥

移栽后7 d～10 d施苗肥，可用浓度为0.2%～0.4%尿素水溶液，用量约5 kg/667 m²；始花期前根据植株长势，可追施1～2次高氮三元复合肥，每次用量20 kg/667 m²；盛花期可施30 kg/667 m²的高钾三元复合肥。采收期视植株长势情况，每采收1～2次追肥1次，用量同盛花期。

### 7.3 搭架整枝

株高约50 cm时搭架绑枝。整枝时，摘除第一分叉以下的侧芽。后期宜摘除下部老叶。

DB35/T 2134—2023

## 8 病虫害防治

### 8.1 防治原则

采取"预防为主，综合防治"的原则，优先采用农业防治、物理防治、生物防治，科学合理地使用化学药剂防治。

### 8.2 防治方法

#### 8.2.1 农业防治

实行与非茄科作物轮作，做好田园清洁，合理灌溉和平衡施肥。

#### 8.2.2 物理防治

可结合信息素，用黄板诱杀白粉虱、蚜虫，用蓝板诱杀蓟马，盖银灰地膜驱避蚜虫，使用频振式杀虫灯等诱杀趋光性蛾类成虫。

#### 8.2.3 生物防治

利用害虫天敌昆虫控制蚜虫、白粉虱等害虫。

#### 8.2.4 化学防治

按GB/T 8321（所有部分）和GB/T 23416.2执行。

## 9 采收

遵守农药安全间隔期，根据市场需求和辣椒商品成熟度分批采收。

## 10 生产档案管理

应建立辣椒生产档案，详细记录基地田间农事活动，见附录A。生产记录应保存两年以上。

附 录 A

（资料性）

生产基地田间农事活动记录

表A.1给出了生产基地田间农事活动记录的参考格式。

表A.1 生产基地田间农事活动记录

| 作物种类 | | | | |
|---|---|---|---|---|
| 品种名称 | | | 生产基地 | |
| 起始日期 | | | 种植规模 | |
| 产品认证 | 发证日期 | | 有效期至 | |
| 施肥 | 肥料名称 | 肥料数量 | 施肥方式 | 施肥日期 |
| | | | | |
| | | | | |
| | | | | |
| 农药 | 农药名称 | 农药数量 | 用药方式 | 用药日期 |
| | | | | |
| | | | | |
| | | | | |
| 其他农事活动 | 农事活动 | 活动内容 | | 活动日期 |
| | | | | |
| | | | | |
| | | | | |
| | | | | |
| | | | | |
| | | | | |

注：其他农事活动包括：耕田、起垄、移栽、浇水、除草、培土、采收等。

制表人： 日期：

# （四）高辣朝天椒质量分级（DB35/T 2202—2024）

ICS 67.220
CCS B 36

# DB35

## 福 建 省 地 方 标 准

DB35/T 2202—2024

<br>

## 高辣朝天椒质量分级

Quality grading of high spicy pod pepper

<br>

2024－09－05 发布                    2024－12－05 实施

福建省市场监督管理局    发 布

DB35/T 2202-2024

# 目　次

DB35/T 2202-2024

# 前　言

本文件按照GB/T 1.1—2020《标准化工作导则　第1部分：标准化文件的结构和起草规则》的规定起草。

请注意本文件的某些内容可能涉及专利。本文件的发布机构不承担识别专利的责任。

本文件由福建省农业农村厅提出并归口。

本文件起草单位：三明市农业科学研究院、三明市市场监督管理局、福建省农产品加工推广总站、三明市农业农村局、福建省农业科学院农业质量标准与检测技术研究所、福建省三明市农业学校。

本文件主要起草人：吴立东、庄丽琼、尚伟、李永清、韦航、邱胤晖、林淑婷、张锐、徐磊、王火珠、刘亚婷、曾慧芳、邱林华、洪钦辰、曾绍贵、傅建炜、黄一承、廖承树、钟柳青。

DB35/T 2202-2024

# 高辣朝天椒质量分级

## 1 范围

本文件规定了高辣朝天椒的要求、检验方法和检验规则。

本文件适用于食品加工用的高辣朝天椒（鲜椒和干椒）的质量分级，鲜食参照执行。

## 2 规范性引用文件

下列文件中的内容通过文中的规范性引用而构成本文件必不可少的条款。其中，注日期的引用文件，仅该日期对应的版本适用于本文件；不注日期的引用文件，其最新版本（包括所有的修改单）适用于本文件。

GB 2761　食品安全国家标准　食品中真菌毒素限量

GB 2762　食品安全国家标准　食品中污染物限量

GB 2763　食品安全国家标准　食品中农药最大残留限量

GB 5009.3　食品安全国家标准　食品中水分的测定

GB 5009.6　食品安全国家标准　食品中脂肪的测定

GB/T 5009.10　植物类食品中粗纤维的测定

GB 5009.86　食品安全国家标准　食品中抗坏血酸的测定

GB/T 12729.2　香辛料和调味品　取样方法

GB/T 21265　辣椒辣度的感官评价方法

NY/T 1278　蔬菜及其制品中可溶性糖的测定铜还原碘量法

NY/T 2103　蔬菜抽样技术规范

SN/T 0231　出口干制辣椒产品检验规程

## 3 术语和定义

GB/T 21265界定的以及下列术语和定义适用于本文件。

3.1

**高辣朝天椒**　high spicy pod pepper

斯科维尔指数在50 000 SHU以上的朝天椒。

注：高辣朝天椒包括鲜椒和干椒。

3.2

**不完善椒**　faulty pod pepper

失去部分食用价值或椒体不全的朝天椒。

注：不完善椒包括畸形椒、破损椒、病虫椒以及不成熟椒。

## 4 要求

### 4.1 基本要求

4.1.1 真菌毒素限量应符合 GB 2761 的要求；污染物限量应符合 GB 2762 的要求；农药残留限量应符

1

DB35/T 2202-2024

合 GB 2763 的要求。

4.1.2 鲜椒果实应充分老熟，果面洁净，无霉斑，无异味；干椒果实应充分干燥，果面洁净，无霉斑，无异味，水分含量小于 12%。

## 4.2 鲜椒指标要求

鲜椒感官指标应符合表1的规定，理化指标应符合表2的规定。

表 1 鲜椒感官指标

| 项目 | 级别 | | |
|---|---|---|---|
| | 特级 | 一级 | 二级 |
| 果形 | 呈现本品种固有的形状，大小一致 | 呈现本品种固有的形状，大小基本一致 | |
| 色泽 | 呈现本品种固有的颜色，色彩鲜艳、均匀，光泽度好 | 呈现本品种固有的颜色，色彩较鲜艳、均匀，光泽度较好 | 呈现本品种固有的颜色，色彩一般，光泽度一般 |
| 气味 | 辛辣味浓郁 | 辛辣味较浓郁 | 辛辣味较淡 |

表 2 鲜椒理化指标

| 项目 | | 级别 | | |
|---|---|---|---|---|
| | | 特级 | 一级 | 二级 |
| 不完善椒含量/% | ≤ | 3 | 5 | 7 |
| 斯科维尔指数（以干基计）/SHU | ≥ | 65 000 | 55 000 | 50 000 |
| 抗坏血酸（以鲜基计）/（mg/100g） | ≥ | 200 | 150 | 100 |
| 可溶性糖（以鲜基计）/（mg/g） | ≥ | 40 | 35 | 30 |
| 粗纤维（以干基计）/% | ≤ | 20 | 25 | 30 |

## 4.3 干椒指标要求

干椒感官指标应符合表3的规定，理化指标应符合表4的规定。

表 3 干椒感官指标

| 项目 | 级别 | | |
|---|---|---|---|
| | 特级 | 一级 | 二级 |
| 果形 | 大小一致 | 大小基本一致 | |
| 色泽 | 色泽一致，果面光滑、光泽度好 | 色泽一致，果面较光滑、光泽度较好 | 色泽一致，果面微皱、光泽度一般 |
| 气味 | 香辣味浓郁 | 香辣味较浓郁 | 香辣味较淡 |

表4 干椒理化指标

| 项目 | | 级别 | | |
|---|---|---|---|---|
| | | 特级 | 一级 | 二级 |
| 不完善椒总量/% | ≤ | 3 | 5 | 7 |
| 斯科维尔指数（以干基计）/SHU | ≥ | 65 000 | 55 000 | 50 000 |
| 脂肪（以干基计）/（g /100g） | ≥ | 13 | 11 | 9 |
| 粗纤维（以干基计）/% | ≤ | 20 | 25 | 30 |

## 5 检验方法

### 5.1 感官指标

在正常光照条件下，鲜椒的感官指标采用眼观及鼻嗅的方式进行检验，气味的检验应将果掰开进行测定；干椒的感官指标检验按照SN/T 0231的规定执行。

### 5.2 理化指标

#### 5.2.1 不完善椒含量

取同一批朝天椒（鲜椒或干椒）果实300 g，挑选出不完善椒，并称量（准确至0.001 g），按公式（1）计算不完善椒含量：

$$B = M/N \times 100\% \quad\text{………………………………………………} (1)$$

式中：

$B$——不完善椒含量，%；

$M$——供试样品中不完善椒质量，单位为克（g）；

$N$——供试样品质量，单位为克（g）。

#### 5.2.2 斯科维尔指数

按照GB/T 21266的规定执行。

#### 5.2.3 抗坏血酸

按照GB 5009.86的要求执行。

#### 5.2.4 可溶性糖

按照NY/T 1278的规定执行。

#### 5.2.5 水分

按照GB 5009.3的要求执行。

#### 5.2.6 脂肪

按照GB 5009.6的要求执行。

DB35/T 2202-2024

#### 5.2.7 粗纤维

按照GB/T 5009.10的规定执行。

## 6 检验规则

### 6.1 组批

#### 6.1.1 鲜椒

同一品种、同一产地、同期采收、同一批次的高辣朝天椒（鲜椒）作为一个检验批次。

#### 6.1.2 干椒

同一品种、同一产地、同期采收、同期干燥、同种干燥方式、同一批次的高辣朝天椒（干椒）作为一个检验批次。

### 6.2 抽样

#### 6.2.1 鲜椒

按照NY/T 2103的规定执行。

#### 6.2.2 干椒

按照GB/T 12729.2的规定执行。

### 6.3 检验

#### 6.3.1 检验分类

检验分出场检验和型式检验。

#### 6.3.2 出场检验

出场检验项目为：感官指标、不完善椒。

#### 6.3.3 型式检验

型式检验项目为第4章的全部要求。

### 6.4 结果判定

高辣朝天椒的质量级别按照第4章的规定进行判定；检验结果有二项或二项以下未达到相应级别要求的，可重新加倍抽样进行复检，复检仍有项目未达到相应级别要求的，进行下一级别认定；检验结果有三项或三项以上未达到相应级别要求的，直接进行下一级别认定；经逐级认定，未达到二级级别要求的，应判定为等外。

---

4